라니쌤의
재료놀이
챌린지
100

니꺼잇

라니쌤의 재료놀이 챌린지 100

초 판 발 행	2023년 10월 10일 (인쇄 2023년 09월 14일)
발 행 인	박영일
책 임 편 집	이해욱
저 자	남아란
편 집 진 행	모은영, 김지운, 권민서, 박유진
표지디자인	조혜령
편집디자인	박서희, 곽은슬
발 행 처	시대인
공 급 처	(주)시대고시기획
출 판 등 록	제10-1521호
주 소	서울시 마포구 큰우물로 75 [도화동 538 성지 B/D] 9F
전 화	1600-3600
팩 스	02-701-8823
홈 페 이 지	www.sdedu.co.kr

I S B N	979-11-383-6000-5 (13590)
정 가	20,000원

안녕하세요? 라니쌤입니다.

교사로 근무하다가 교육 콘텐츠를 만드는 것에 관심이 생겨 교육회사에서 유아교육 콘텐츠 기획자로 오랫동안 일했습니다. 그 당시 현직 교사들이 교육 콘텐츠를 만들어 개인 블로그에서 공유하는 걸 알게 되었습니다. 교사 경력에 교육 콘텐츠 기획 경력도 있으니, 저도 잘할 수 있겠다는 생각에 '라니쌤'이라는 이름으로 블로그를 만들고 콘텐츠를 쌓아 나갔습니다.

'재료놀이 챌린지'는 한 주에 한 가지 재료로 놀이한다는 콘셉트로 장기간 연재했던 콘텐츠입니다. 2020년 7월, 동료 기획자들과 함께 인스타그램 계정을 만들어서 각자의 주제로 주 1회씩 게시물을 올렸는데, 저는 금요일마다 놀이 콘텐츠를 연재했습니다. 팔로워가 전혀 없던 채널이었는데 단기간에 많은 팔로워가 생길 정도로 당시 인기가 높았습니다. 1년 반 정도 연재가 끝나고 그동안의 콘텐츠를 모아 현직 교사를 위해 작은 책을 만들었습니다. 그런데 제 예상과는 달리 엄마들이 이 책을 더 많이 찾았습니다. 이때 저는 선생님들뿐만 아니라 부모님들도 아이들과 함께 놀 방법을 많이 고민하고 있다는 것을 알게 되었지요. 그 뒤로는 선생님과 부모님 모두가 활용할 수 있는 놀이 콘텐츠를 만들고 있답니다.

인스타그램이라는 작은 공간에서 시작했던 콘텐츠가 작은 소책자가 되고, 이제는 더 많은 놀이 콘텐츠를 담아 책으로 나오게 되었습니다. 제가 재료놀이 콘텐츠를 출간하기로 마음먹은 이유는 딱 두 가지입니다. 하나는 늘 고군분투하는 현직 교사들에게 이 책이 길잡이가 되었으면 하는 것, 또 하나는 부모님들께서 놀이를 쉽게 받아들이고 아이들과 많은 시간을 보냈으면 하는 마음 때문입니다. 아이들이 행복하고 밝게 성장하길 바라는 마음은 당연하고요.

<라니쌤의 재료놀이 챌린지 100>에는 '나도 할 수 있겠다'는 생각이 들 만큼 쉬운 놀이만 선별해서 담았습니다. 100가지 놀이 방법에서 하나라도 아이와 함께할 수 있겠다는 생각이 들었다면 반은 성공한 셈이겠지요.

'재료놀이 챌린지'라는 이름은 제가 처음 지었을지 몰라도 당시에 함께 연재해 준 기획자인 차차, 곰디가 있어서 가능했고, 관심 가져주신 팔로워들이 계셨기에 여기까지 올 수 있었습니다. '재료놀이 챌린지'를 사랑해 주시는 모든 분께 감사의 말씀을 전합니다.

오늘도 내일도 저는 모두가 행복한 콘텐츠를 만들겠습니다.
늘 감사합니다.

목차

1장 생활 재료

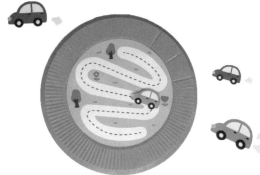

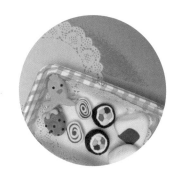

2장 미술 재료

3장 자연 재료

4장 주방 재료

5장 도안 자료

1장

생활 재료

아이와 함께 놀이하려면 많은 준비가 필요할 것 같은 부담감에 시작부터 망설이는 엄마, 아빠가 많을 거예요. 특별한 준비 없이도 우리 일상 속 재료만으로 충분히 재미있게 놀이할 수 있어요. 생활 재료를 활용하면 엄마, 아빠의 부담이 줄어서 아이와 함께하는 놀이 시간이 더 즐거울 거예요.

움직이는 자동차

조작

자석의 성질을 이용해서 자동차를 움직이는 과학 놀이예요. 자석이 클립을 끌어당겨 자동차를 움직이게 하는 경험을 통해 자연스럽게 자석의 성질을 이해할 수 있어요. 또 길 따라 자동차를 움직이다 보면 소근육 발달에도 도움이 될 수 있어요.

준비물 ☐ 종이접시 ☐ 도로·자동차 도안(173-175쪽) ☐ 자석 ☐ 클립 ☐ 풀 ☐ 테이프 ☐ 가위

도안

도안 다운로드

Tip 도로 도안을 라벨지에 인쇄하면 종이접시에 붙이기 쉬워요.

놀이 방법

1 종이접시에 도로 도안을 붙여요.

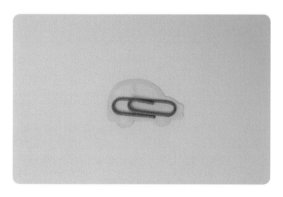

2 자동차 도안을 오리고, 뒷면에 클립을 붙여요.

3 종이접시 위에 자동차를 올려 놓아요.

4 종이접시 뒷면에 자석을 대고, 자동차를 길 따라 움직이며 놀이해요.

2 죽방울 놀이

신체

죽방울 놀이는 장구 모양의 나무토막에 실을 걸어 공중으로 던져 올렸다가 받는 민속놀이예요. 이를 변형하여 종이접시로 만든 고깔 안에 탁구공을 넣으며 놀이해 보세요. 탁구공을 넣기 위해 몸을 이리저리 움직이다 보면 신체 조절력이 발달해요.

준비물

□ 종이접시 □ 탁구공
□ 털실   □ 펀치
□ 가위   □ 테이프

Tip 종이접시 대신 종이컵을 사용해도 좋아요.

1 종이접시의 한쪽을 조금 잘라 내고,
고깔 모양으로 이어 붙여요.

2 종이접시 한쪽에 구멍을 뚫고 털실을 묶어요.

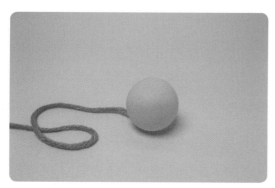

3 반대편 털실 끝에 탁구공을 붙여요.

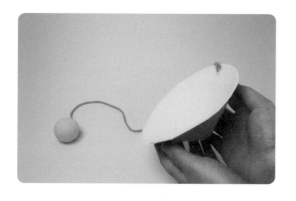

4 종이접시 고깔 안에 탁구공을 넣으며 놀이해요.

3

와플 가게 놀이

종이접시로 만든 와플 메이커로 와플을 구워 파는 가게 놀이예요. 여러 가지 토핑 모형을 이용해 다양한 와플과 크로플을 만들 수 있답니다. 역할 놀이는 사회관계와 의사소통 발달에 좋으므로, 와플 가게 주인과 손님이 되어 상호작용해 보세요.

준비물

☐ 종이접시 ☐ 와플 가게 놀이 도안(177-181쪽) ☐ 가위 ☐ 풀 ☐ 두꺼운 종이

도안

도안 다운로드

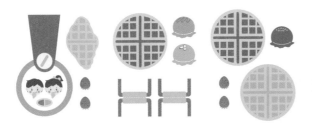

Tip 도안을 라벨지에 인쇄하면 붙이기 쉬워요.

놀이 방법

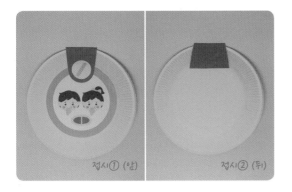

접시① (앞)   접시② (뒤)

1 종이접시①에 도안을 붙이고, 종이접시 ①과 ②를 연결해요.

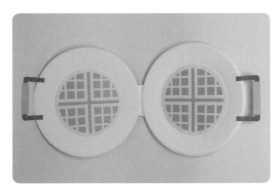

2 종이접시 안쪽에 와플팬 도안을 붙이고, 종이접시 양쪽 끝에 손잡이 도안을 붙여요.

3 와플, 아이스크림, 딸기 도안을 두꺼운 종이에 붙여 오려 준비해요.

> **Tip** 두꺼운 종이 대신 재활용 상자 조각을 사용하면 튼튼하게 만들 수 있어요.

4 와플을 굽고 접시에 담아 데코하면서 와플 가게 놀이를 해요.

4 종이접시 놀이 모음

1 고리 던지기

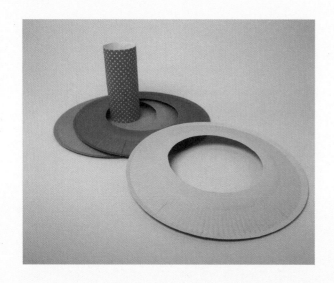

종이접시 가운데를 동그랗게 오려 고리를 만들어요. 페트병이나 랩심 같은 재료로 기둥을 세우고 종이접시 고리를 던져 끼우며 놀이해요.

준비물　　□ 종이접시　□ 페트병이나 랩심
　　　　　　　□ 가위

2 뱀 만들기

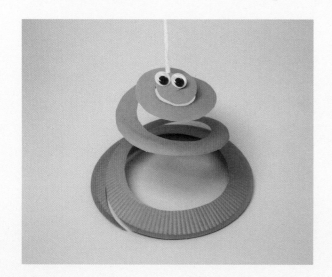

종이접시에 빙글빙글 선을 그리고 선을 따라 오려요. 종이접시 중앙에 구멍을 뚫고 끈을 달아 올리면 뱀 모양이 돼요.

준비물　　□ 종이접시　□ 인형 눈알
　　　　　　　□ 가위　　　□ 풀
　　　　　　　□ 펜

③ 가방 만들기

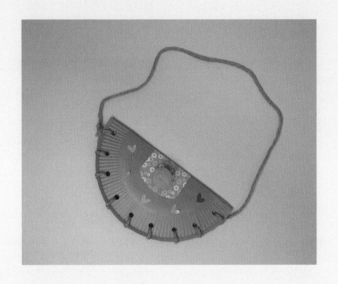

생활용품을 만드는 놀이는 아이의 흥미를 유발하는 아주 좋은 방법이에요. 종이접시를 반으로 자르고, 자른 면을 제외한 나머지 부분을 맞대어 붙여요. 다양한 미술 재료를 붙여 꾸미고, 양쪽에 끈을 달면 가방이 완성돼요.

───────

준비물
- ☐ 종이접시
- ☐ 꾸미기 재료(스티커, 색종이 등)
- ☐ 털실　　☐ 펀치

④ 캐스터네츠 만들기

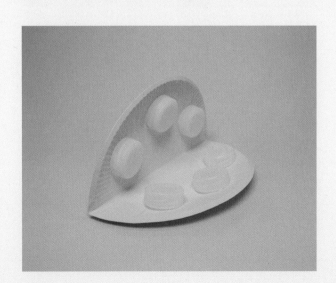

종이접시를 반으로 접고 위아래 맞닿는 위치에 병뚜껑을 붙여요. 접힌 부분을 눌렀다 떼면 캐스터네츠처럼 딱딱 소리가 나는 악기가 된답니다.

───────

준비물
- ☐ 종이접시　☐ 병뚜껑
- ☐ 글루건

폭죽놀이

 과학

풍선을 잡아당겼다가 놓으면 원래 상태로 되돌아가면서 반동이 생겨요. 이 성질을 이용해 종이컵 폭죽을 만드는 놀이예요. 풍선을 잡아당겼다가 놓으면 종이컵 안에 있던 색종이 조각이 폭죽처럼 터져요. 생일 축하 파티를 할 때 활용해 보세요.

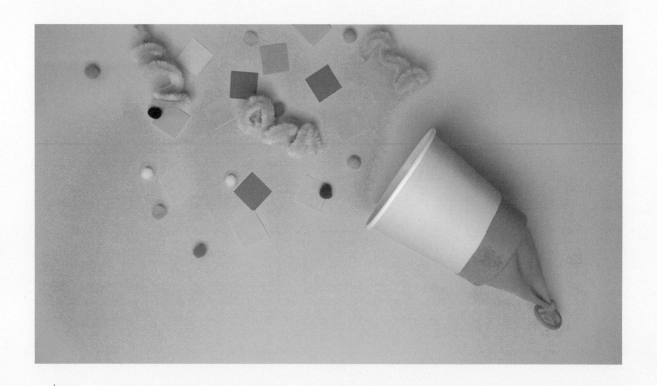

준비물

☐ 종이컵   ☐ 풍선

☐ 색종이   ☐ 가위

☐ 커터칼   ☐ 테이프

Tip 종이컵 대신 휴지심을 사용해도 좋아요.

놀이 방법 ··

1 종이컵 바닥에 구멍을 뚫어요.

> **Tip** 구멍 뚫는 것은 어른이 도와주세요.

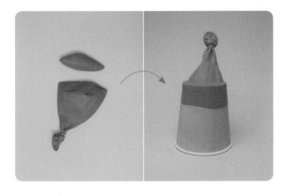

2 풍선을 매듭짓고 둥근 부분을 잘라 내고 종이컵
바닥에 씌워요.

> **Tip** 종이컵에서 풍선이 빠지지 않도록 테이프로
> 붙여 주세요.

3 작게 조각낸 색종이를 종이컵 안에 넣어요.

4 풍선 매듭을 잡아당겼다가 놓으며 종이컵 폭죽을
터트려요.

6

깡충깡충 토끼 만들기

 과학

고무줄의 탄성을 이용하여 깡충 하고 튀어 오르는 토끼를 만들어요. 고무줄은 탄성이 있어서 그 힘으로 종이컵을 튀어 오르게 할 수 있어요. 종이컵 폭죽놀이와 같은 원리를 이용한 과학 놀이지요. 종이컵을 눌렀을 때, 고무줄이 팽팽해지는 것을 느끼면서 탄성을 이해할 수 있어요.

준비물 ☐ 종이컵 ☐ 토끼 도안(183쪽) ☐ 고무줄 ☐ 풀 ☐ 가위

도안

도안 다운로드

1 토끼 도안을 종이컵에 두르고 붙여요.

2 도안에 표시된 부분을 오리고, 틈새에 고무줄을 끼워요.

3 토끼 종이컵을 다른 종이컵 위에 올려놓아요.

4 토끼 종이컵을 눌렀다가 놓으면 토끼가 깡충 뛰는 것 같아요.

Tip 멀리 날리기 게임을 해도 좋아요.

빙글빙글 팽이 놀이

조작

종이컵에 약병 꼭지를 끼워 빙글빙글 돌아가는 팽이를 만들어요. 팽이는 움직임이 있어서 아이들이 좋아하는 놀잇감이에요. 팽이를 더 힘차게, 더 오래 돌리는 게임을 하며 놀아 보세요. 더 잘 돌리기 위해 반복 조작하다 보면 탐구력과 사고력도 높아져요.

준비물

□ 종이컵

□ 꼭지가 있는 약병 뚜껑

□ 스티커

□ 가위

□ 커터칼

놀이 방법

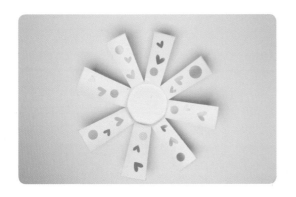

1 종이컵 옆면을 잘라 펼치고, 스티커를 붙여 꾸며요.

2 종이컵 중앙에 칼집을 내고 약병 꼭지를 끼워요.

> **Tip** 칼집 내는 것은 어른이 도와주세요.

3 약병 꼭지에 뚜껑을 끼워요.

4 팽이를 바닥에 놓고 돌리면서 놀이해요.

8 종이컵 놀이 모음

1 종이컵 쌓기

종이컵만 있으면 가능한 가장 기본적인 놀이예요. 어떻게 하면 종이컵을 높게 쌓을 수 있는지 생각하면서 집중력도 높아져요.

준비물 □ 종이컵

2 실 전화기 놀이

종이컵을 잇는 실을 타고 전달되는 소리를 느끼는 탐색 놀이예요.

준비물 □ 종이컵   □ 실
□ 송곳

3 죽방울 놀이

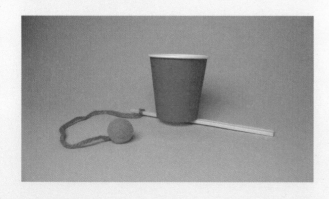

나무젓가락에 종이컵을 붙이고, 털실에 매단 공을 종이컵 안에 넣는 놀이예요. 종이컵에 공을 넣기 위해 움직이면서 신체 조절력이 높아져요.

준비물 □ 종이컵   □ 나무젓가락
□ 실   □ 폼폼이

④ 문어 만들기

종이컵 옆면을 잘라 펼쳐서 문어를 만드는 미술 놀이예요. 여러 가지 미술 재료를 붙여서 개성 있는 문어를 만들 수 있어요.

준비물 □ 종이컵   □ 가위   □ 풀
□ 꾸미기 재료(스티커, 폼폼이 등)

⑤ 해바라기 만들기

종이컵 옆면을 끝까지 잘라 펼쳐서 해바라기를 만들어요. 노란색 종이컵을 사용하면 더욱 멋진 해바라기를 만들 수 있어요.

준비물 □ 종이컵   □ 사인펜
□ 가위

⑥ 손목시계 만들기

종이컵 밑면을 시계로 꾸미고, 종이컵 옆면을 잘라 내어 시곗줄을 만들어요. 스티커로 꾸민 뒤 손목에 착용해 보세요.

준비물 □ 종이컵   □ 스티커   □ 색종이
□ 사인펜   □ 가위   □ 풀

9 비구름 페트병 놀이

페트병을 활용해서 기압 차를 이해하는 과학 놀이예요. 기압은 동일해지려는 성질이 있어서, 높은 곳에서 낮은 곳으로 힘이 작용해요. 구멍을 뚫은 페트병에 물을 채우고, 뚜껑을 열었다 닫았다 하면 물이 나오거나 멈추는 모습을 볼 수 있어요. 원리를 설명하기보다는 물놀이나 목욕할 때 함께 놀이해 보세요.

준비물

- □ 페트병
- □ 물
- □ 유성펜
- □ 송곳

Tip 페트병은 두께가 얇은 생수병을 사용하는 것이 좋아요.

놀이 방법

1 페트병에 비구름을 그려요.

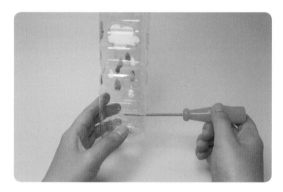

2 송곳으로 페트병 아래쪽에 구멍을 뚫어요. 같은 높이에 6~8개 정도만 뚫어요.

> **Tip** 구멍 뚫는 것은 어른이 도와주세요.

3 페트병에 물을 채우고 뚜껑을 닫아요.

4 페트병 뚜껑을 여닫으면서 물줄기가 생겼다 멈췄다 하는 변화를 관찰해요.

잠수함 놀이

물을 채운 페트병에 압력을 가해 부력을 이해하는 과학 놀이예요. 부력은 기체나 액체 속에 있는 물체가 중력에 반하여 위로 뜨려는 힘을 말해요. 물이 담긴 페트병을 손으로 누르면 압력이 높아지고, 이 때문에 안에 있는 물체는 부력이 감소하여 가라앉는 것을 관찰할 수 있어요.

준비물

☐ 페트병   ☐ 주름빨대
☐ 클립   ☐ 물   ☐ 가위

Tip 페트병은 두께가 얇은 생수병을 사용하는 것이 좋아요.

놀이 방법 ···

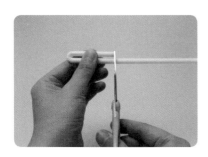

1 빨대의 주름진 부분을 접어 같은 길이로 잘라요.

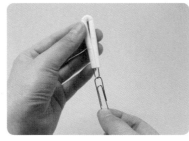

2 빨대 구멍에 클립을 끼우고, 클립 1~2개를 더 연결해요.

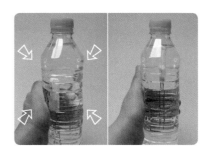

3 물이 담긴 페트병에 빨대를 넣고 뚜껑을 닫아요.
페트병을 눌렀다가 놓으면서 빨대가 가라앉았다가 떠오르는 모습을 관찰해요.

11 거품 놀이

조작 🌱

페트병과 스타킹으로 거품을 만드는 놀이예요. 스타킹을 씌운 페트병에 비눗방울 용액을 묻히고 입으로 바람을 불면 보글보글 거품이 생겨나요. 비눗방울 용액이 스타킹이라는 얇은 체를 거쳐서 거품이 생겨나는 것이랍니다. 주변이 쉽게 지저분해질 수 있으니 욕실에서 놀이해 보세요.

준비물

☐ 페트병　　☐ 스타킹
☐ 고무줄　　☐ 비눗방울 용액
☐ 쟁반　　　☐ 커터칼

놀이 방법

1 페트병의 아랫부분을 잘라 내고, 잘린 부분을 스타킹으로 감싼 뒤 고무줄로 묶어요.

> **Tip** 고무줄을 고정하기 쉽게 가로 홈이 있는 페트병이 좋아요.

2 스타킹이 젖도록 비눗방울 용액을 묻혀요.

3 페트병 입구로 숨을 내뿜어 거품을 만들어요.

> **Tip** 비눗방울 용액이 입에 닿지 않게 주의해 주세요.

12 거미가 줄을 타고

조작

빨대를 사용해서 털실을 타는 거미를 만드는 놀이예요. 어떻게 하면 거미가 움직이는지 털실을 움직이다 보면 조작 능력이 쑥쑥 성장해요. 동요 '거미가 줄을 타고 올라갑니다'를 부르면서 놀이해 보세요. 더 재미있답니다.

준비물 □ 빨대 □ 거미 도안(185쪽) □ 털실 □ 가위 □ 테이프

도안

도안 다운로드

놀이 방법

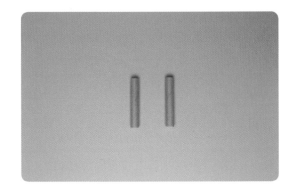

1 빨대를 4cm 길이로 잘라 두 개 준비해요.

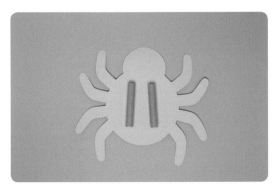

2 거미 도안 뒷면에 준비한 빨대 두 개를 붙여요.

3 털실 양쪽 끝을 빨대에 끼우고, 털실 중앙을
고리에 걸어요.

4 털실을 잡고 바깥쪽으로 당기며 거미를 위아래로
움직여요.

로켓 놀이

과학

빨대로 바람을 불어 넣어 로켓을 날리는 과학 놀이예요. 빨대 입구에 로켓을 끼우고 바람을 불어 넣으면 공기가 밀려나면서 로켓이 날아가요. 빨대에 불어 넣은 공기가 로켓이 날아갈 수 있는 연료 역할을 한답니다. 누가 더 높이, 더 멀리 로켓을 날리는지 게임해 보세요.

준비물 ☐ 빨대 ☐ 로켓 도안(187쪽) ☐ 가위 ☐ 테이프

도안

도안 다운로드

1 도안의 사각형을 잘라 동그랗게 말고, 윗부분을 내려 접어 붙여요.

2 로켓 도안을 오리고, 1에서 만든 것을 도안 뒷면에 붙여요.

3 빨대를 로켓에 끼워요.

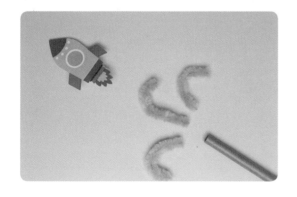

4 빨대로 숨을 내뿜어 로켓을 멀리 날려 보세요.

바느질 놀이

바느질 놀이는 소근육 발달에 좋은 대표적인 놀이예요. 빨대 구멍 사이로 돗바늘을 끼우려면 소근육을 섬세하게 조절해야 한답니다. 소근육 발달이 미숙하다면 조금 두꺼운 빨대를 사용하다가 점점 얇은 것으로 바꾸어 가면서 소근육 조절력을 키워 보세요.

준비물

- ☐ 빨대
- ☐ 돗바늘
- ☐ 털실
- ☐ 가위
- ☐ 펀치
- ☐ 글루건
- ☐ 두꺼운 종이

Tip 두꺼운 종이 대신 재활용 상자 조각을 사용해도 좋아요.

놀이 방법 ....

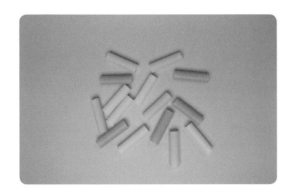

1 빨대를 3cm 정도로 잘라요.

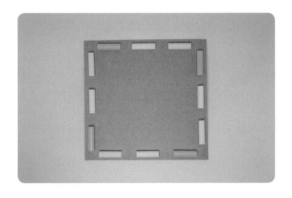

2 두꺼운 종이에 빨대를 일정한 간격으로 붙여요.

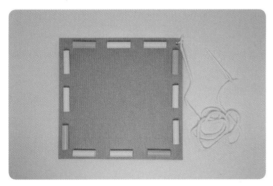

3 종이 한쪽 모서리에 구멍을 뚫어 털실을 묶은 뒤, 돗바늘에 털실을 꿰어요.

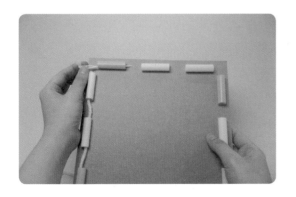

4 돗바늘을 빨대에 끼우며 바느질 놀이를 해요.

15 빨대 놀이 모음

1 빨대 비행기 만들기

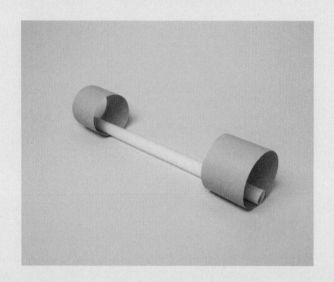

색종이를 말아 고리를 만든 뒤, 빨대 양쪽 끝에 붙이면 멀리 날아가는 빨대 비행기를 만들 수 있어요.

준비물　　□ 빨대　　□ 색종이
　　　　　　　□ 가위　　□ 양면테이프

2 목걸이 만들기

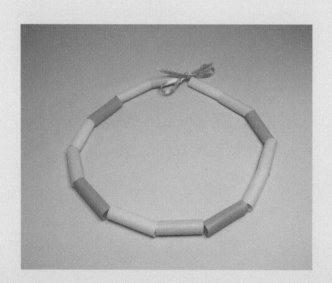

실에 빨대 조각을 끼워서 목걸이를 만드는 소근육 놀이예요. 빨대 이외에도 실에 끼울 수 있는 다른 재료(펜네 파스타, 과자 등)를 이용해서 특별한 목걸이를 만들어 보세요.

준비물　　□ 빨대　　□ 실
　　　　　　　□ 가위

❸ 도장 찍기

끝을 잘라 활짝 펼친 빨대를 도장처럼 꾹꾹 찍어 작품을 만드는 미술 놀이예요. 빨대 도장을 찍어 알록달록한 불꽃놀이를 표현해 보세요.

준비물
- ☐ 빨대
- ☐ 물감
- ☐ 도화지
- ☐ 가위

❹ 움직이는 나비 만들기

두께가 다른 빨대 2개를 이용해 움직이는 나비를 만들어요. 얇은 빨대는 나비의 몸에 연결하고, 두꺼운 빨대는 날개에 연결하세요. 두꺼운 빨대를 위아래로 움직이면 나비 날개가 팔랑팔랑 움직일 거예요.

준비물
- ☐ 빨대(두꺼운 것, 얇은 것)
- ☐ 나비 그림
- ☐ 가위 ☐ 테이프

16 풍선 요요 놀이

신체

풍선으로 만든 공을 요요처럼 만들어 노는 신체 놀이예요. 손바닥으로 풍선을 쳤다가 다시 돌아오는 풍선을 맞받아치면서 놀이해요. 풍선이 손바닥에 닿도록 몸의 움직임을 조절하면서 신체 조절력 발달에 도움이 된답니다.

준비물 □ 풍선 □ 털실

놀이 방법

1 풍선을 아이 손바닥만 한 크기로 불어 매듭지어요.

2 풍선 매듭에 털실을 달아요.

3 털실 반대쪽 끝에 고리를 만들어 손가락에 끼우고, 손바닥으로 풍선을 치며 놀이해요.

17 풍선 오뚝이

풍선의 밑을 무겁게 해서 오뚝이를 만드는 놀이예요. 오뚝이는 무게 중심이 아래에 있어서, 이리저리 밀어도 다시 일어서는 특성이 있어요. 큰 풍선으로 오뚝이를 만들어서 샌드백처럼 치면서 놀이해 보세요.

준비물

☐ 풍선   ☐ 고무줄
☐ 구슬이나 사탕
☐ 유성펜

놀이 방법

1 구슬이나 사탕을 풍선 가장 안쪽에 놓고 고무줄로 묶어요.

2 풍선의 안팎을 뒤집어 바람을 불어 넣은 뒤, 매듭지어요.

3 풍선에 얼굴을 그리고, 풍선 오뚝이를 건드려서 움직임을 관찰해요.

18 촉감 볼 만들기

풍선에 물을 담아 손 장난감을 만드는 놀이예요. 구멍 뚫은 색깔 풍선 안에 투명 풍선을 넣어 촉감 볼을 만든 뒤, 손으로 조물조물 주무르며 구멍으로 올록볼록 올라오는 것을 관찰해 보세요. 풍선을 손에 쥐고 반복해서 만지다 보면 스트레스 해소에도 도움이 됩니다.

준비물

□ 색깔 풍선

□ 투명 풍선

□ 반짝이 가루나 스티로폼 볼

□ 물

□ 가위

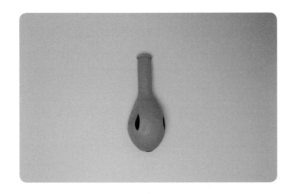

1 색깔 풍선을 동그랗게 잘라 구멍을 두세 개 내요.

2 투명 풍선 안에 반짝이 가루나 스티로폼 볼을 넣어요.

3 투명 풍선을 색깔 풍선 안에 넣고 풍선이 크게 부풀지 않을 만큼 물을 넣고 매듭지어요.

4 풍선을 주무르면서 촉감을 탐색하고, 모양이 변하는 것을 관찰해요.

19 풍선 놀이 모음

1 풍선 배드민턴 놀이

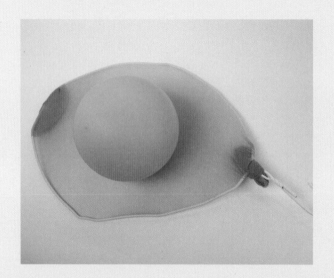

배드민턴처럼 채로 풍선을 치는 놀이예요. 옷걸이를 둥글게 펼치고 스타킹을 씌우면 채를 만들 수 있어요. 스타킹은 탄성이 있어 풍선이 통통 튀어 오를 거예요.

준비물 ☐ 풍선   ☐ 철제 옷걸이
☐ 스타킹

2 풍선 농구 놀이

골대에 풍선을 넣는 놀이예요. 길쭉한 풍선을 불고 양쪽 끝을 묶어 골대를 만들어요. 누가 먼저 풍선을 골대에 넣는지 게임하며 놀이해 보세요.

준비물 ☐ 풍선(동그란 것, 길쭉한 것)

③ 풍선 호버크라프트

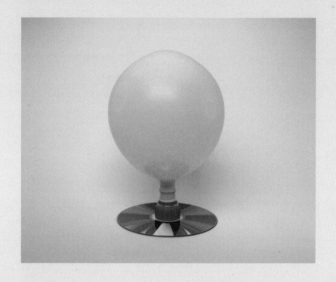

CD에 어린이 음료수 뚜껑을 붙이고 바람을 불어 넣은 풍선을 끼워 움직임을 살펴보는 과학 놀이예요. 열린 음료수 뚜껑 사이로 공기가 빠져나가며 CD를 띄워 움직이게 하지요.

___

준비물
- ☐ 풍선
- ☐ 어린이 음료수 뚜껑
- ☐ CD   ☐ 글루건

④ 열기구 모빌 만들기

풍선에 종이컵을 달아 열기구 모양의 모빌을 만드는 미술 놀이예요. 스티커나 유성펜을 사용해서 열기구 풍선을 꾸며 보세요.

___

준비물
- ☐ 풍선   ☐ 종이컵
- ☐ 빨대   ☐ 모루나 끈
- ☐ 테이프

사라지는 마술 그림 놀이

물속으로 들어간 그림의 색깔이 사라지는 모습을 살펴보는 과학 놀이예요. 빛은 밀도가 다른 두 물질의 경계를 지날 때 특정 각도에서 굴절되지 않고 전부 반사되는 전반사 현상이 일어나요. 지퍼백에 담긴 그림을 위쪽에서 바라보면 물속으로 들어가면서 빛이 전부 반사되어 그림의 색깔이 사라진 것처럼 보여요.

준비물
- ☐ 지퍼백
- ☐ 유성펜
- ☐ 종이
- ☐ 물
- ☐ 유리컵이나 그릇

놀이 방법 ···

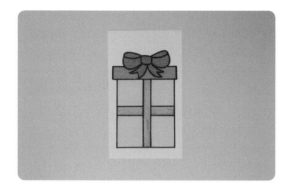

1 종이에 그림을 그리고 색칠해서 지퍼백 안에 넣어요.

2 지퍼백 위로 비치는 그림 가장자리를 따라 유성펜으로 그려요.

3 유리컵이나 그릇에 물을 담고 지퍼백을 물속에 넣어요.

4 위쪽에서 바라보며 물속에 넣은 그림의 색깔이 사라지는 것을 관찰해요.

21 숨은 그림 찾기

과학

검은색이 다른 색을 흡수하는 것을 이용한 과학 놀이예요. 지퍼백에 그린 그림이 검은 도화지에 가려 보이지 않다가 흰 돋보기가 닿으면 보이지요. 다양한 주제로 지퍼백에 그림을 그려서 숨은 그림 찾기 놀이를 해 보세요.

준비물

- ☐ 지퍼백
- ☐ 검은색 종이, 흰색 종이
- ☐ 유성펜　☐ 가위

놀이 방법

1 지퍼백에 그림을 그리고 색칠해요.

2 지퍼백 안에 검은색 종이를 넣어요.

3 흰색 종이를 돋보기 모양으로 자르고, 지퍼백 안에 넣어 숨은 그림 찾기 놀이를 해요.

22 스노우볼 만들기

지퍼백과 빨대로 스노우볼을 만드는 미술 놀이예요. 지퍼백에 물을 담지 않아도 공기를 불어 넣어 눈 날리는 모습을 표현할 수 있어요. 지퍼백에 눈사람이나 산타클로스 같은 겨울 그림을 그려서 다양한 스노우볼을 만들어 보세요.

준비물

- ☐ 지퍼백
- ☐ 빨대
- ☐ 색종이
- ☐ 유성펜
- ☐ 가위
- ☐ 테이프

놀이 방법

1 지퍼백 위에 유성펜으로 눈사람을 그려요.

> **Tip** 눈사람 그림을 지퍼백 밑에 두고 따라 그려도 좋아요.

2 빨대가 들어갈 만큼 지퍼백 한쪽 귀퉁이를 조금 잘라 빨대를 끼운 뒤, 테이프로 붙여요.

3 잘게 조각낸 색종이를 지퍼백 안에 넣고 지퍼백을 닫아요. 빨대로 바람을 불어 넣어 색종이 조각을 날려요.

지퍼백 놀이 모음

① 헤어젤 촉감 놀이

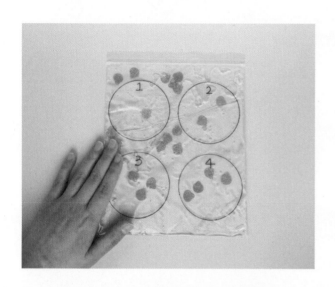

지퍼백에 헤어젤과 스팡클을 넣고, 손으로 밀어 움직이는 촉감 놀이예요. 지퍼백에 도형을 그리고 그 안으로 스팡클을 넣는 게임을 해 보세요.

준비물　　□ 지퍼백　　□ 헤어젤
　　　　　　　□ 스팡클　　□ 유성펜

② 물감 색칠 놀이

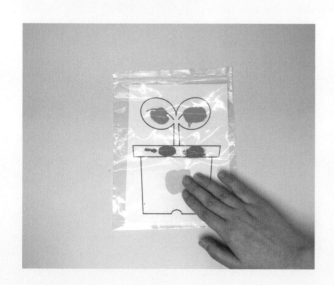

붓 없이 그림을 색칠하는 미술 놀이예요. 지퍼백에 스케치한 그림을 넣고, 원하는 색깔의 물감을 짜 넣어요. 물감이 새어 나오지 않게 지퍼백을 닫고, 손으로 문질러 색칠해 보세요. 손에 묻지 않고 손쉽게 색칠할 수 있어요.

준비물　　□ 지퍼백　　□ 도화지
　　　　　　　□ 물감　　　□ 사인펜

❸ 나비 만들기

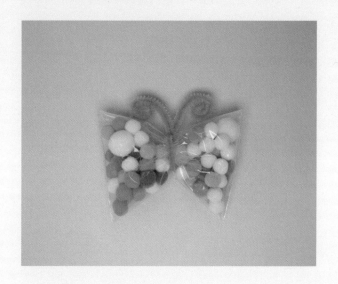

지퍼백에 원하는 재료를 넣고 모루로 중앙을 묶어 나비를 만드는 미술 놀이예요. 다양한 미술 재료를 넣어 나비를 만들어 보세요.

준비물　□ 지퍼백　　□ 모루(끈)
　　　　　　□ 꾸미기 재료
　　　　　　　　(폼폼이, 스티로폼 볼 등)

❹ 연필 마술 놀이

연필이 통과해도 지퍼백이 터지지 않는 마술 놀이예요. 지퍼백에 물을 넣어 물주머니를 만들고, 연필로 쿡 찔러 보세요. 연필을 빼지 않으면 물이 새지 않고 그대로 있어요. 목욕하거나 물놀이 할 때 놀이해 보세요.

준비물　□ 지퍼백　　□ 물
　　　　　　□ 연필

24 미용실 놀이

휴지심에 털실을 달고 가위로 자르며 헤어스타일을 표현하는 놀이예요. 털실은 재질과 색상이 다양하고 굵기도 여러 가지라서 개성 있는 헤어스타일을 표현하는 데 제격이에요. 소근육을 사용하는 가위질로 신체 조절력이 좋아지고, 가위질을 좋아하는 아이들의 욕구도 해소할 수 있어요.

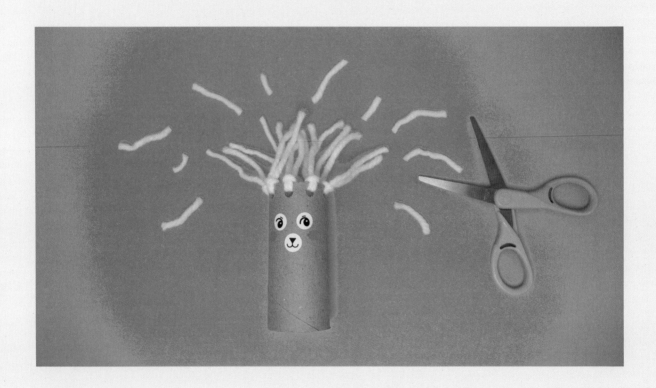

준비물
- ☐ 휴지심
- ☐ 털실
- ☐ 사인펜
- ☐ 펀치
- ☐ 가위

놀이 방법 ··

1 휴지심에 얼굴을 그려요.

2 휴지심 위쪽에 펀치로 구멍을 뚫어요.

> Tip 펀치를 사용할 때는 어른이 함께해 주세요.

3 구멍에 털실을 끼워 머리카락을 만들어요.

> Tip 구멍에 털실 끼우는 것을 어려워하면
> 어른이 함께해 주세요.

4 가위로 머리카락을 자르며 미용실 놀이를 해요.

25 나무 꾸미기

미술

휴지심을 재활용해서 나무를 꾸미는 놀이예요. 휴지심이나 랩심은 기둥처럼 생겨서 세워 두기 좋아요. 색칠한 나무 도안을 휴지심에 끼워 손쉽게 나무를 만들어 보세요. 휴지심 나무를 여러 그루 만들어 숲이나 공원처럼 꾸밀 수 있어요.

준비물 ☐ 휴지심 ☐ 나무 도안(189쪽) ☐ 갈색 색지 ☐ 크레용 ☐ 가위 ☐ 풀

도안

도안 다운로드

놀이 방법 ···

1 휴지심에 갈색 색지를 두르고 붙여요.

2 나무 도안을 색칠해서 꾸며요.

3 휴지심의 양옆을 가위로 조금씩 잘라 틈을
   만들어요.

4 색칠한 나무 도안을 휴지심에 끼워 나무를
   완성해요.

26 부릉부릉 자동차

조작

랩심에 OHP 필름을 붙여 운전 놀이를 할 수 있는 놀잇감을 만들어요. OHP 필름은 투명해서 바닥의 찻길이 잘 보여요. 꼬불꼬불한 찻길을 따라 자동차를 움직이며 놀이해 보세요. 도안의 찻길 모양이 익숙해지면 직접 찻길을 그려 놀이해 보세요.

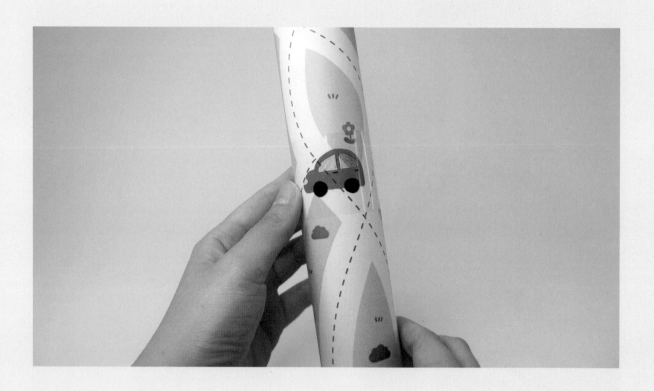

준비물   ☐ 랩심   ☐ 찻길 도안(191쪽)   ☐ 유성펜   ☐ OHP 필름   ☐ 양면테이프

도안

도안 다운로드

Tip OHP 필름이 없을 때는 투명 폴더를 잘라 사용해도 좋아요.

놀이 방법 ···

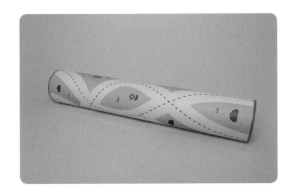

1 찻길 도안을 랩심에 붙여요.

> **Tip** 랩심에 찻길을 직접 그려도 좋아요.

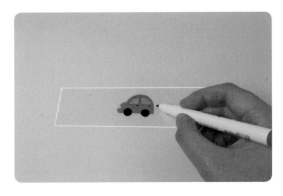

2 OHP 필름을 16×4cm 크기로 잘라 중앙에
자동차를 그려요.

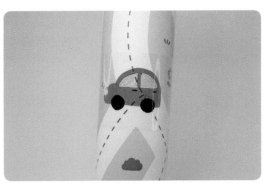

3 랩심에 OHP 필름을 둘러요.

4 길을 따라 자동차를 움직이며 놀이해요.

27 휴지심 놀이 모음

1 볼링 놀이

휴지심을 핀처럼 세워 공을 굴려 쓰러뜨리는 볼링 놀이예요. 휴지심과의 거리를 조절하면서 볼링 놀이를 해 보세요. 가족들이 함께 참여하면 더 재미있어요.

준비물　　☐ 휴지심　　☐ 색종이
　　　　　　☐ 공(고무공, 테니스공 등)

2 쌍안경 만들기

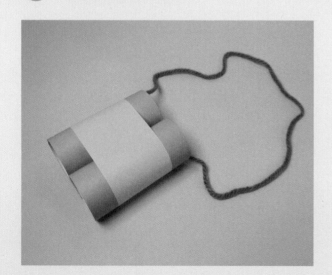

휴지심 두 개를 이어 붙이면 쌍안경을 만들 수 있어요. 셀로판지를 붙여 색깔 쌍안경도 만들어 보세요.

준비물　　☐ 휴지심　　☐ 색종이
　　　　　　☐ 털실　　　☐ 가위
　　　　　　☐ 펀치　　　☐ 테이프

③ 블록 쌓기

휴지심에 틈새를 만들어 서로 끼우며 쌓는 블록 놀이예요. 어떻게 하면 블록을 많이 쌓을 수 있을지 생각하며 놀이해 보세요.

준비물　☐ 휴지심　　☐ 가위

④ 도장 찍기

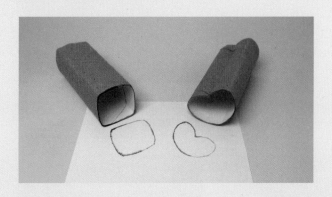

휴지심을 세모, 네모, 하트 모양으로 구겨서 손쉽게 모양 도장을 만들 수 있어요. 휴지심으로 만든 모양 도장에 물감이나 스탬프를 묻혀 모양을 찍어 보세요.

준비물　☐ 휴지심　☐ 물감　☐ 도화지

⑤ 그림자놀이

휴지심 한쪽에 투명 테이프를 붙이고 그 위에 그림을 그려요. 어두운 데서 휴지심 안으로 손전등을 비추면 영사기처럼 그림자가 나타나요.

준비물　☐ 휴지심　　☐ 투명 테이프
　　　　　☐ 유성펜　　☐ 손전등

28 색깔 분류 놀이

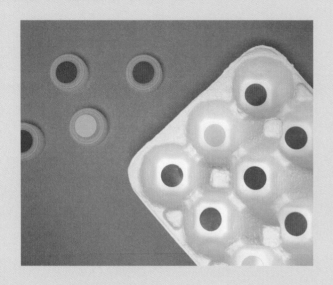

달걀판과 병뚜껑에 스티커를 쌍으로 붙이고 같은 것끼리 분류하는 놀이예요. 달걀판은 여러 칸을 나누어 활용할 수 있는 장점이 있어요. 처음에는 색깔 스티커를 붙여 분류하다가, 익숙해지면 숫자나 글자를 적은 스티커를 붙여 놀이해 보세요.

준비물

☐ 달걀판 ☐ 병뚜껑
☐ 색깔 스티커

놀이 방법

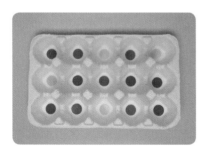

1 달걀판 안쪽에 여러 가지 색깔 스티커를 붙여요.

Tip 달걀판은 소독제를 뿌리고, 햇빛에 말려 준비해 주세요.

2 달걀판과 동일하게 병뚜껑에도 색깔 스티커를 붙여요.

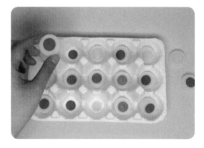

3 달걀판에서 병뚜껑의 것과 같은 색깔을 찾아 병뚜껑을 놓아요.

Tip 색깔 분류가 익숙해지면, 숫자나 글자를 적어 놀이해요.

29 과녁 놀이

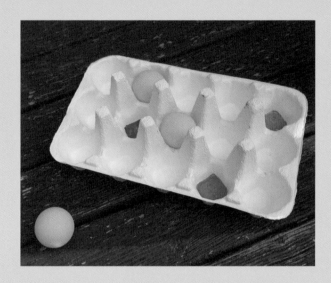

달걀판을 과녁으로 활용하는 공 던지기 놀이예요. 달걀판과 일정한 거리를 두고 서서 탁구공을 던져 넣는 거지요. 목표한 지점으로 탁구공을 던지는 동작은 신체 조절력 발달에 도움이 된답니다. 익숙해지면 달걀판의 칸에 점수를 매기며 게임을 해 보세요.

준비물

☐ 달걀판　　☐ 탁구공
☐ 사인펜

놀이 방법

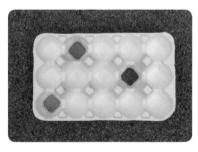

1 달걀판을 색칠해서 색깔별로 점수를 정해요.

> **예** 빨간색: 3점
> 파란색: 2점
> 초록색: 1점

2 달걀판의 색칠한 곳을 향해 탁구공을 던져요.

3 탁구공을 3번씩 던져 점수를 매겨 보세요.

메모리 게임

수학

병뚜껑을 메모리 카드처럼 활용하는 놀이예요. 병뚜껑 두 개를 뒤집어 같은 그림이 나오면 가져가는 기억 놀이랍니다. 병뚜껑 안쪽에 어떤 그림이 있었는지 기억해 내면서 기억력과 집중력이 높아져요. 익숙해지면 병뚜껑 개수를 늘리면서 놀이해 보세요.

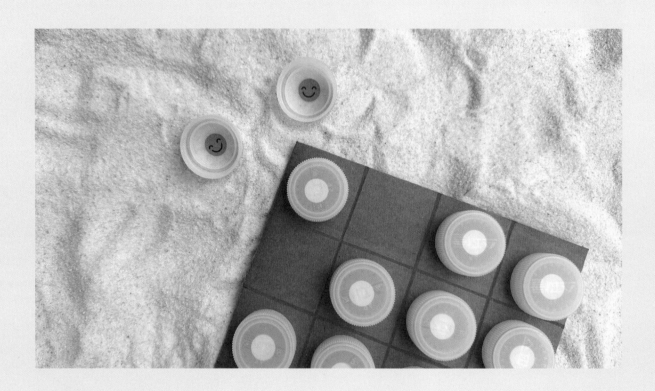

준비물

- ☐ 병뚜껑
- ☐ 스티커 2세트
- ☐ 두꺼운 종이
- ☐ 사인펜

Tip 병뚜껑은 4개 이상 짝수로 준비해 주세요.

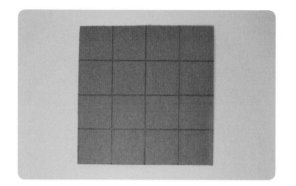

1 두꺼운 종이에 병뚜껑을 올려 둘 칸을 그려요.

> **Tip** 두꺼운 종이 대신 재활용 상자 조각을
> 사용해도 좋아요.

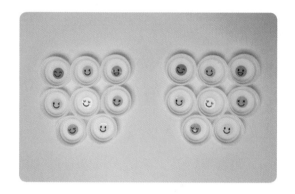

2 한 쌍의 병뚜껑에 같은 색이나 모양의 스티커를
붙여요.

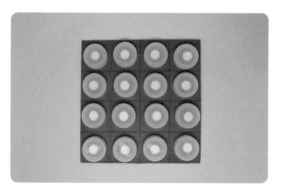

3 병뚜껑을 뒤집어 섞은 뒤, 종이 칸 위에 올려놓아요.

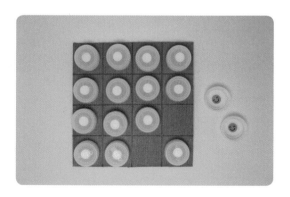

4 병뚜껑을 두 개씩 뒤집어 같은 스티커가 붙은
것을 찾아요.

31 병뚜껑 낚시 놀이

 조작

자석으로 병뚜껑을 낚는 낚시 놀이예요. 병뚜껑 물고기를 낚으려고 자석 낚싯대를 이리저리 움직이다 보면 집중력이 높아지고, 자석에 붙는 재질도 탐색할 수 있어요. 병뚜껑에 알록달록한 물고기 그림을 붙여서 누가 더 많이 물고기를 잡는지 놀이해 보세요.

준비물

☐ 철 재질의 병뚜껑 ☐ 물고기 도안(193쪽) ☐ 자석
☐ 털실 ☐ 나무젓가락 ☐ 양면테이프 ☐ 가위

도안

도안 다운로드

Tip 철 재질의 병뚜껑 대신
일반 병뚜껑에 클립을 붙여 사용해도 좋아요.

놀이 방법

1 자석에 달라붙는 철 재질의 병뚜껑을 준비해요.

2 병뚜껑에 물고기 도안을 붙여요.

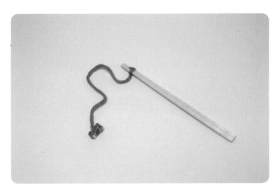

3 나무젓가락에 털실을 매달고 반대편 끝에 자석을
달아 낚싯대를 만들어요.

4 자석 낚싯대로 물고기 병뚜껑을 낚아요.

> **Tip** 낚시할 물고기 색깔을 정하고,
> 누가 많이 낚는지 놀이해 보세요.

카네이션 카드 만들기

미술

베이킹 컵으로 카네이션을 만드는 미술 놀이예요. 머핀을 만들 때 사용하는 베이킹 컵은 쭈글쭈글해서, 꽃잎의 끝 부분이나 꽃송이를 표현하기 좋아요. 완성된 카네이션을 카드 도안에 붙이고, 뒷면에 감사 인사를 적어 보세요. 어버이날과 스승의 날에 특별한 선물이 될 거예요.

준비물

☐ 베이킹 컵   ☐ 카드 도안(195쪽)   ☐ 풀

도안

도안 다운로드

Tip 베이킹 컵은 카네이션 색깔로 준비하면 좋아요.

1 베이킹 컵을 반 접고, 다시 한 번 반 접어요.
같은 방법으로 접어 꽃잎 6장을 만들어요.

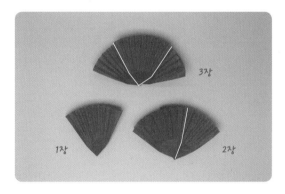

2 꽃잎을 서로 겹쳐 2장, 3장짜리도 만들어요.

3 큰 꽃잎을 밑에 두고 포개어 붙여가며
카네이션을 만들어요.

4 카네이션을 카드 도안에 붙여 완성해요.

Tip 카드 뒷면에 감사 인사를 적어 보세요.

크리스마스트리 만들기

미술

베이킹 컵으로 크리스마스트리를 만드는 미술 놀이예요. 크리스마스트리로 쓰이는 나무는 잎이 바늘처럼 뾰족하게 생겼어요. 베이킹 컵의 쭈글쭈글한 질감 때문에 뾰족한 잎을 표현할 수 있어요. 반의반을 접은 베이킹 컵을 이어 붙여서 크리스마스트리를 만들어 보세요.

준비물　　□ 베이킹 컵　　□ 카드 도안(197쪽)　　□ 모양 스티커　　□ 풀

도안

도안 다운로드

Tip　베이킹 컵은 크리스마스트리 색깔로 준비하면 좋아요.

놀이 방법

1 베이킹 컵을 반 접고, 다시 한 번 반 접어요.
같은 방법으로 접어 6장을 준비해요.

2 접은 베이킹 컵을 포개어 붙여요.

3 포개어 붙인 베이킹 컵을 카드 도안에 붙여요.

4 모양 스티커를 붙여 크리스마스트리를 꾸며요.

> **Tip** 카드 뒷면에 크리스마스와 새해 인사를
> 적어 보세요.

34

실팽이 놀이

실팽이는 털실을 꼰 다음 양손으로 당겨 꼬인 털실을 풀면서 동그란 판을 돌리는 놀이 도구예요. 꼬였던 털실이 풀리면서 아주 빠르게 돌지요. 실팽이는 실이 다 풀려도 계속 도는데, 이때 회전관성과 원심력을 간접적으로 이해할 수 있어요. 과학 원리를 설명하기보다는 실팽이를 잘 돌리는 방법을 알아보며 놀이해 보세요.

준비물

☐ 털실 ☐ 두꺼운 종이
☐ 사인펜 ☐ 송곳 ☐ 가위

Tip 두꺼운 종이를 사용하면 실팽이를 단단하게 만들 수 있어요.

놀이 방법

1 동그란 모양으로 오린 두꺼운 종이 중앙에 구멍 2개를 뚫어요. 동그란 판을 색칠해서 꾸며요.

Tip 구멍 뚫는 것은 어른이 도와주세요.

2 구멍에 털실을 끼우고 매듭지어요.

3 동그란 판을 중앙에 두고 양손으로 털실을 잡아요. 한쪽 방향으로 털실을 감다가 양손으로 잡아당기며 움직임을 관찰해요.

35 꽃 피우기 놀이

과학

바짝 마른 코인티슈에 물을 뿌려 꽃을 피우는 놀이예요. 코인티슈는 물을 흡수하면 부피가 커지는 특성이 있어요. 내가 그린 코인티슈 꽃에 물이 닿는 순간 쑥쑥 자라나는 모습을 관찰해 보세요.

준비물

- ☐ 코인티슈
- ☐ 작은 약병
- ☐ 쟁반
- ☐ 물
- ☐ 유성펜

놀이 방법

1 코인티슈 윗면에 꽃을 그려요.

2 쟁반 위에 코인티슈를 올려놓고, 작은 약병에 물을 담아 코인티슈에 뿌려요.

3 코인티슈 꽃이 쑥쑥 자라나는 모습을 관찰해요.

36 매직 그림 놀이

 과학

키친타월을 물에 적셔 변화를 관찰하는 놀이예요. 불투명했던 키친타월이 물에 젖으면 뒷장에 있던 색깔이 나타나지요. 간단한 원리이지만, 키친타월이 물에 닿는 순간 색깔이 나타나면서 마술 같은 즐거움을 줍니다. 순간의 변화를 탐색하는 놀이이니 그림을 그린 키친타월을 여러 장 만들어 놀이해 보세요.

준비물

□ 키친타월
□ 쟁반
□ 수성펜
□ 유성펜
□ 물

....

1 키친타월을 반으로 접어 유성펜으로 그림을 그려요.

> **Tip** 뒷장에 테두리가 보이도록 진하게 그려
> 주세요.

2 키친타월을 펼쳐 수성펜으로 색칠하고,
다시 반으로 접어 둡니다.

3 물이 담긴 쟁반에 반으로 접은 키친타월을
올려놓아요.

4 키친타월이 물을 흡수해서 색깔이 나타나는
모습을 관찰해요.

37 물감 톡톡 스텐실 놀이

미술 🌱

스펀지에 물감을 묻혀 모양을 찍어내는 스텐실 놀이예요. 스펀지는 탄력이 있고 수분을 잘 흡수하는 특성이 있어서, 생활 도구이지만 훌륭한 미술 재료가 됩니다 . 마스킹 테이프를 내가 원하는 모양대로 붙여서 작품을 만들어 보세요.

준비물

☐ 스펀지
☐ 마스킹 테이프
☐ 물감
☐ 도화지
☐ 팔레트

Tip 스텐실 도안이나 모양자를 사용해도 좋아요.

놀이 방법

1 도화지에 마스킹 테이프로 모양을 만들어
붙여요.

2 팔레트에 물감을 짜서 스펀지에 묻혀요.

3 마스킹 테이프를 붙인 곳을 물감이 묻은 스펀지로
쿵쿵 찍어요.

4 물감이 마르면 마스킹 테이프를 떼어 완성된
작품을 살펴보세요.

봄 꽃밭 꾸미기

미술

포크를 붓으로 활용한 미술 놀이예요. 물감으로 그림을 그릴 때 보통은 붓을 사용하지만, 사물이 가진 특유의 모양을 그대로 찍어 표현하기도 해요. 포크의 뾰족한 부분을 활용해서 튤립, 민들레 등 봄꽃을 꾸며 보세요. 붓보다는 손쉽게 원하는 결과물을 얻을 수 있어서 아이가 미술 놀이에 흥미를 갖게 됩니다.

준비물

☐ 포크 ☐ 꽃밭 도안(199-201쪽) ☐ 물감 ☐ 팔레트 ☐ 크레용

도안

도안 다운로드

놀이 방법

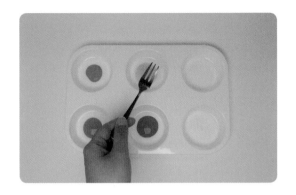

1 포크에 물감을 묻혀요.

2 포크를 한 번 눌러 찍어 튤립을 표현해요.

3 포크를 여러 번 돌려 찍어 민들레를 표현해요.

4 구름, 나비 등 봄과 어울리는 그림을 그려
꽃밭을 꾸며요.

39 수국 꾸미기

 미술

면봉을 붓으로 활용한 미술 놀이예요. 여름 꽃인 수국은 꽃 하나는 작지만, 여러 송이가 모여서 꽃다발처럼 피어요. 면봉 여러 개를 묶은 것에 알록달록 물감을 묻혀 수국 꽃밭을 꾸며 보세요.

도안

준비물

☐ 면봉   ☐ 고무줄
☐ 꽃밭 도안(203쪽)
☐ 팔레트   ☐ 물감

놀이 방법

1 면봉 10개를 모아 고무줄로 묶어요.

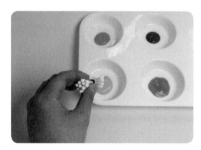

2 팔레트에 여러 색상의 물감을 짜고, 면봉에 물감을 묻혀요.

3 면봉으로 콕콕 찍어 수국을 표현해요.

숟가락에 날개를 붙여 잠자리를 만드는 미술 놀이예요. 잠자리는 가을에 볼 수 있는 곤충으로, 계절감을 느끼기 좋은 소재예요. 입체적으로 작품을 꾸미는 조형 활동은 구체적인 형태나 형상을 만들면서 표현력이 발달해요.

도안

도안 다운로드

준비물

☐ 숟가락　　☐ 잠자리 날개 도안(205쪽)
☐ 모형 눈알　☐ 가위　　☐ 크레용
☐ 유성펜　　☐ 양면테이프

놀이 방법

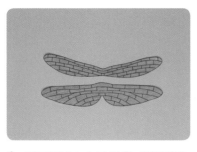

1 잠자리 날개 도안을 색칠해요.

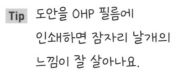

Tip 도안을 OHP 필름에 인쇄하면 잠자리 날개의 느낌이 잘 살아나요.

2 숟가락에 잠자리 날개를 붙여요.

3 숟가락에 모형 눈알을 붙이고 얼굴을 그려 잠자리를 완성해요.

투명 필름 색깔 놀이

과학

필름의 투명한 성질과 흰 종이의 불투명한 성질을 활용한 색깔 놀이예요. 두 장의 투명 필름 사이에 흰 종이를 두고 위아래로 움직이면서 색깔이 없던 그림에 색이 채워지는 변화를 살펴볼 수 있어요. 투명 필름에 다양한 그림을 그려 색깔 놀이를 해 보세요.

준비물

□ 종이봉투
□ 유성펜
□ 흰 도화지
□ OHP 필름
□ 가위
□ 양면테이프

Tip OHP 필름 대신 투명 폴더를 잘라 사용해도 좋아요.

놀이 방법

1 종이봉투 앞면에 네모난 창을 내고, 흰 도화지를 안에 넣어요.

2 한 장의 OHP 필름에는 그림을 그리고, 그 위에 다른 OHP 필름을 올려놓고 선을 따라 그려요.

3 두 장의 OHP 필름을 놓고 윗부분을 붙여요. OHP 필름 사이에 흰 도화지가 끼워지도록 종이봉투에 넣어요.

4 그림을 뺐다 끼웠다 하며 그림의 변화를 살펴보세요.

공기 인형 놀이

미술

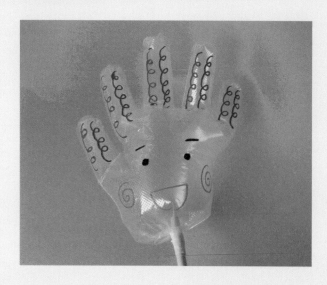

비닐장갑으로 인형을 만드는 미술 놀이예요. 납작하던 비닐장갑에 바람을 불어 넣으면 통통하게 모양이 바뀌지요. 평면이 입체로 바뀌는 물체의 변화를 탐색하는 것은 생각하는 힘인 사고력과 원리를 파고드는 탐구력을 키우는 데 도움이 된답니다.

준비물

- ☐ 비닐장갑
- ☐ 테이프
- ☐ 빨대
- ☐ 유성펜

놀이 방법

1 비닐장갑에 얼굴을 그려요.

> **Tip** 닭, 토끼 등 다른 그림도 그려 보세요.

2 비닐장갑 입구에 빨대를 넣고 오므린 뒤, 공기가 새 나가지 않게 테이프로 붙여요.

3 빨대로 입김을 불어 비닐장갑을 부풀려요.

43 피어나는 별

과학

이쑤시개의 흡습성을 이용한 과학 놀이예요. 이쑤시개 중간을 살짝 꺾어 마주 닿게 놓은 뒤에 물을 부으면 접힌 부분이 점점 펴지면서 별 모양이 되지요. 이쑤시개에 물이 스며들면서 모양이 변하는 과정을 관찰하고, 별을 주제로 이야기 나누어 보세요.

준비물

□ 이쑤시개 □ 물
□ 접시

놀이 방법

1 이쑤시개 중간을 살짝 꺾은 것 5개를 준비해요.

2 접시 위에 이쑤시개의 접힌 부분이 서로 마주 닿게 놓고, 중앙에 물을 부어요.

Tip 모양이 흐트러지지 않도록 물을 천천히 부어요.

3 이쑤시개가 벌어지며 별 모양이 되는 모습을 관찰해요.

짝 맞추기 놀이

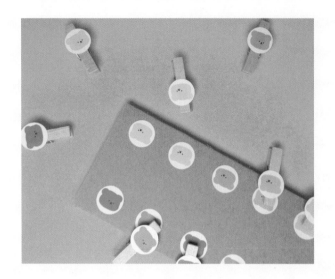

집게에 붙은 스티커를 보고 같은 짝을 찾는 조작 놀이예요. 집게는 소근육의 힘을 사용하는 도구여서 소근육 발달이 더딘 아이에게 도움이 된답니다. 익숙해지면 스티커를 다른 모양으로 세밀하게 바꿔가며 놀이해 보세요.

준비물
- ☐ 집게
- ☐ 스티커 2세트
- ☐ 두꺼운 종이

놀이 방법

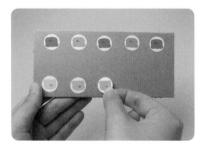

1 두꺼운 종이의 가장자리에 스티커 한 세트를 붙여요.

> **Tip** 두꺼운 종이는 재활용 상자 조각을 사용해도 좋아요.

2 집게에도 같은 스티커 한 세트를 붙여요.

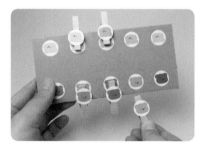

3 집게의 스티커와 같은 스티커를 찾아 집게로 집어요.

과자 상자 퍼즐 놀이

조작

과자 상자를 재활용해서 퍼즐을 만들어요. 일상 생활 속 환경인쇄물은 아이의 흥미를 끌어내기 아주 좋은 소재여서 평소에 퍼즐 놀이를 좋아하지 않던 아이도 관심을 보일 거예요. 퍼즐은 전체에서 조각의 위치와 역할을 이해하는 놀잇감으로, 탐색 과정을 통해 문제해결력을 높일 수 있어요.

준비물

☐ 과자 상자
☐ 가위 ☐ 사인펜

놀이 방법

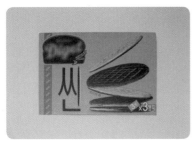

1 과자 상자의 윗부분만 오려내요.

2 과자 상자를 뒤집어 선을 그린 뒤, 선을 따라 오려 조각내요.

3 과자 상자 조각을 맞추며 퍼즐 놀이를 해요.

Tip 같은 과자 상자를 밑판으로 놓고 놀이해도 좋아요.

46 딱지 접기

신체

우유갑으로 딱지를 만들고 딱지치기를 해요. 딱지치기는 딱지 한 장을 바닥에 놓고, 다른 딱지로 쳐서 바닥의 딱지가 뒤집히면 내 것이 되는 놀이예요. 상대방 딱지를 뒤집으려면, 딱지가 조금 단단해야 해요. 그래서 보통 딱지는 2장을 포개어 접는데, 우유갑을 활용하면 하나만 있어도 단단한 딱지를 만들 수 있답니다.

준비물 □ 우유갑
□ 가위

놀이 방법

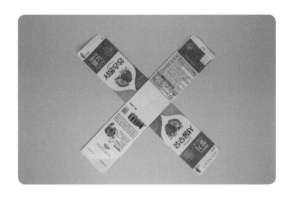

1 우유갑의 모서리를 잘라 활짝 펼쳐요.

2 우유갑 날개를 사선으로 접어요.

> **Tip** 날개는 한쪽 방향으로 접어 주세요.

3 우유갑 날개를 접고 남은 부분은 가위로 잘라 내요.

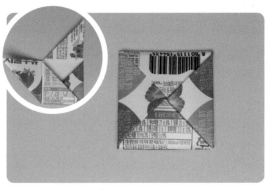

4 우유갑 날개를 안쪽으로 접어 넣어 딱지를 완성해요.

47 냉장고 꾸미기

미술

광고지를 재활용한 미술 놀이예요. 마트 광고지는 일상생활과 맞닿아 있는 환경인쇄물로, 아이가 제품명이나 가격 같은 정보를 쉽게 찾을 수 있어요. 광고지의 사진을 오려 냉장고를 꾸미고, 마트에 갔던 경험을 떠올리며 이야기해 보세요.

준비물

☐ 마트 광고지　☐ 풀
☐ 종이 도시락　☐ 사인펜

놀이 방법

1 종이 도시락에 냉장고 모양 그림을 그려요.

2 마트 광고지에서 음식 사진을 찾아 오려요.

3 종이 도시락으로 만든 냉장고에 음식 사진을 붙여 꾸며요.

해바라기 만들기

과일 포장재를 재활용해서 해바라기를 만드는 미술 놀이예요. 과일 포장재를 뒤집으면 꽃처럼 활짝 펴져요. 여기에 풍선을 붙이면 활짝 핀 해바라기를 만들 수 있어요.

준비물

- ☐ 과일 포장재
- ☐ 풍선
- ☐ 양면테이프
- ☐ 유성펜

놀이 방법

1 과일 포장재의 가운데를 뒤집어요.

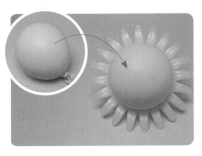

2 풍선을 작게 불어 매듭짓고, 과일 포장재의 오목한 부분에 붙여요.

3 유성펜으로 색칠해서 해바라기처럼 꾸며요.

49 은박지 놀이 모음

1 모양 물건 감싸기

은박지는 쉽게 구겨지는 특징이 있어요. 모양이 있는 물건을 은박지로 감싸고 무엇인지 추측해 보세요.

───────

준비물　　□ 은박지　　□ 다양한 물체

2 은박지 구겨 모양 만들기

은박지를 구겨 길쭉하게 만든 뒤, 다양한 모양을 만들어 보세요. 상상력과 창의력이 자란답니다.

───────

준비물　　□ 은박지

③ 반짝이는 팔찌 만들기

은박지를 길쭉하게 접은 뒤, 그림을 그려 팔찌를
만드는 미술 놀이예요. 반지나 목걸이도 만들어
보세요.

준비물　□ 은박지　　□ 유성펜
　　　　　　□ 테이프

④ 은박지 색칠 놀이

은박지를 도화지 삼아 그림을 그리는 미술 놀이
예요. 두꺼운 종이에 글루건으로 그림의 선을 그
리고 은박지로 감싸요. 경계선이 있어 쉽게 색을
채울 수 있답니다.

준비물　□ 은박지　　□ 두꺼운 종이
　　　　　　□ 유성펜　　□ 글루건

50 에어캡 놀이 모음

1 에어캡 터트리기

포장재로 사용되는 에어캡은 공기 방울이 가득해요. 에어캡을 손으로 눌러 터트리면서 촉감과 소리를 탐색해 보세요. 스트레스 해소에도 도움이 될 거예요.

___

준비물　　□ 에어캡

2 롤러 물감 놀이

휴지심에 에어캡을 감아 롤러를 만들어 물감 놀이를 해 보세요. 에어캡의 질감이 종이 위에 표현될 거예요.

___

준비물　　□ 에어캡　　□ 휴지심
　　　　　　　□ 물감　　　□ 테이프

③ 도장 찍기 놀이

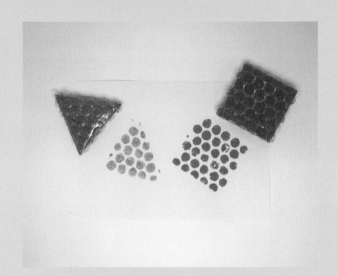

두꺼운 종이로 모양 조각을 만들고 에어캡으로
감싸 도장을 만들어요. 에어캡 도장에 물감을
묻혀 어떤 모양이 찍히는지 살펴보세요.

준비물   ☐ 에어캡   ☐ 두꺼운 종이
                      ☐ 물감   ☐ 테이프

④ 색깔 물 터트리기

주사기를 사용해서 에어캡에 색깔 물을 넣고, 손
가락으로 콕콕 눌러 터트려 보세요. 공기가 찬
에어캡을 터트리는 것과 또 다른 재미를 느낄
수 있어요.

준비물   ☐ 에어캡   ☐ 물감
                      ☐ 주사기   ☐ 물

2장

미술 재료

자주 사용하여 익숙한 재료는 어른과 아이 모두에게 놀이에 대한 부담을 줄여 주지요. 생활 재료만큼 손쉽게 접할 수 있는 미술 재료는 다양한 표현 도구로 시각적 효과를 높이는 장점이 있어요. 이처럼 미술 재료를 사용한 놀이는 표현력 발달에 도움이 되고, 아이에게 깊은 심미적 경험을 만들어 줍니다.

색종이 칠교놀이

칠교놀이는 도형 7조각을 움직여 모양을 만드는 놀이예요. 색종이 한 장으로 손쉽게 칠교놀이 7조각을 만들어 보세요. 그리고 도형을 움직여서 형상화해 보세요. 이 과정에서 상상력, 창의력, 사고력이 쑥쑥 자라난답니다.

준비물 □ 색종이   □ 칠교놀이 도안(207쪽)   □ 모양 예시카드 도안(209쪽)

도안

도안 다운로드

놀이 방법

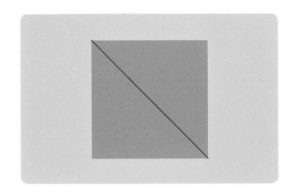

1 색종이를 대각선으로 반 접어 오려요.

2 색종이 조각 2개를 각각 대각선과 평행선으로 반 접어 오려요.

3 노란색 부분을 선대로 오려 칠교 조각을 완성해요.

> **Tip** 색종이로 오리기 어렵다면, 칠교놀이 도안을 사용하세요.

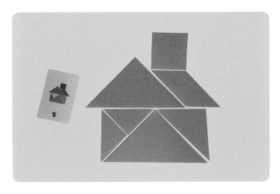

4 색종이 칠교 조각으로 모양 예시카드에 나온 모양을 만들어요.

피어나는 종이꽃 놀이

과학

종이가 물을 빨아 들이면서 접혔던 부분이 펴지는 과학 놀이예요. 액체가 중력과 같은 외부의 도움 없이 좁은 관을 오르는 모세관 현상을 관찰할 수 있어요. 종이로 다양한 모양의 꽃을 만들고 물 위에서 피어나는 것을 살펴보세요.

준비물

- ☐ 종이
- ☐ 유성펜
- ☐ 물
- ☐ 쟁반
- ☐ 가위

Tip 물 흡수가 잘 되는 A4용지를 사용해 보세요.

놀이 방법

1 종이에 꽃을 그리고 모양대로 오려요.

2 종이 꽃잎을 안쪽으로 접어요.

3 물 위에 꽃잎을 접은 종이꽃을 올려놓아요. 종이꽃 꽃잎이 점점 펼쳐지는 것을 관찰해요.

종이 헬리콥터

과학

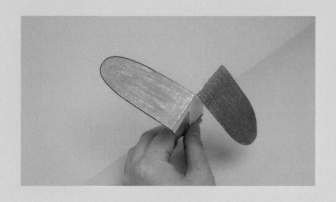

종이로 헬리콥터를 만드는 과학 놀이예요. 날개를 양쪽으로 펼친 모양으로 만들면 공기의 저항을 받아 빙글빙글 돌아가요. 어떻게 하면 종이 헬리콥터가 오래 날 수 있는지 생각해 보는 과정을 통해 사고력과 탐구력이 높아져요.

도안

도안 다운로드

준비물

☐ 종이 헬리콥터 도안(211쪽)
☐ 가위   ☐ 날클립이나 클립
☐ 크레용

놀이 방법

1 오리는 선을 따라 오리고, 접는 선을 따라 접어요. 그리고 날개를 앞뒤로 접고 색칠해요.

2 손잡이 아랫부분을 접고 날클립이나 클립을 끼워요.

3 높은 곳에서 종이 헬리콥터를 떨어뜨리고 움직임을 관찰해요.

색종이 놀이 모음

1 목걸이 만들기

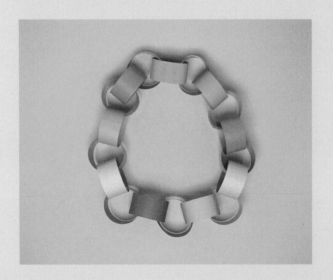

길쭉하게 자른 색종이를 둥글게 말아 고리를 이어 보세요. 반복해서 고리를 이어 가면 목걸이가 완성됩니다.

준비물   □ 색종이   □ 풀   □ 가위

2 부채 만들기

색종이를 일정한 폭으로 지그재그로 접어 부채를 만들어 보세요. 같은 방법으로 여러 개 만들어 붙여 동그란 부채도 만들어 보세요.

준비물   □ 색종이   □ 나무젓가락   □ 풀

③ 색종이 오리기

색종이를 가로나 세로 반으로 접고 모양의 반만 그려 오려 보세요. 반쪽이던 그림이 펼쳐져 완전한 모양이 되는 것을 통해 대칭 개념을 익힐 수 있어요.

―――

준비물　□ 색종이　　□ 가위
　　　　　□ 사인펜

④ 사자 꾸미기

종이접시에 사자 얼굴을 그리고 길게 자른 색종이를 둥그렇게 붙여 갈기를 꾸며 보세요. 색종이를 길게 자르거나 찢는 과정에서 소근육이 발달해요.

―――

준비물　□ 색종이　　□ 종이접시
　　　　　□ 사인펜　　□ 가위　　□ 풀

순서대로 떼어 내기

조작

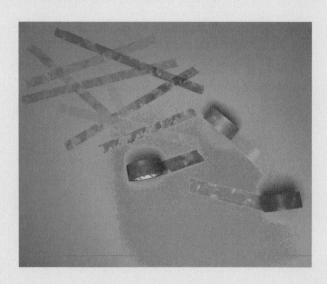

바닥이나 벽에 마스킹 테이프를 선이 겹치도록 마구 붙인 다음 가장 위에 붙은 것부터 순서대로 떼어 내는 놀이예요. 종이 재질의 마스킹 테이프는 손으로 잘 찢어지고 떼도 자국이 남지 않아요. 여러 사람이 돌아 가며 마스킹 테이프를 떼는 놀이를 해 보세요.

준비물

☐ 마스킹 테이프

놀이 방법

1 마스킹 테이프를 길게 잘라 바닥이나 벽에 붙여요.

2 선이 서로 겹치도록 반복해서 붙인 뒤, 가장 위에 붙은 테이프를 찾아 떼어 내요.

56 컬러 퍼즐 놀이

조작

다양한 색깔의 마스킹 테이프를 사용해서 퍼즐을 만들어 보세요. 마스킹 테이프를 색깔별로 줄지어 붙이고 구멍을 뚫으면 색깔이 힌트가 되어 퍼즐을 맞추기 쉬워요. 퍼즐을 만드는 과정부터 퍼즐을 맞추는 놀이까지 함께해 보세요.

준비물

- ☐ 마스킹 테이프
- ☐ 두꺼운 종이   ☐ 커터칼

놀이 방법

1 두꺼운 종이에 마스킹 테이프를 색깔별로 줄지어 붙여요.

> **Tip** 재활용 상자 조각을 사용하면 퍼즐을 단단하게 만들 수 있어요.

2 여러 곳을 잘라 구멍을 내고, 퍼즐 조각을 끼워 맞추며 놀이해요.

> **Tip** 조각을 잘라 내는 것은 어른이 도와주세요.

57 마스킹 테이프 놀이 모음

1 모자이크 놀이

색종이로 모자이크를 만들 때는 풀칠해야 하는 번거로움이 있어요. 하지만 마스킹 테이프를 사용하면 풀칠하지 않아도 손쉽게 모자이크 작품을 만들 수 있어요.

―――――

준비물　　□ 마스킹 테이프
　　　　　　□ 그림 도안

2 라인 따라 붙이기

두께가 얇은 마스킹 테이프를 사용해서 그림의 선을 따라 붙이는 놀이예요. 곡선보다는 직선 위주의 도안을 활용해서 놀이해 보세요.

―――――

준비물　　□ 마스킹 테이프
　　　　　　□ 그림 도안

③ 스텐실 놀이

스텐실 도안이나 모양자 없이도 마스킹 테이프로 스텐실 놀이를 할 수 있어요. 마스킹 테이프를 모양대로 붙이고 스펀지로 물감을 칠해서 놀이해 보세요.

──────

준비물　□ 마스킹 테이프　□ 물감
　　　　　□ 스펀지

④ 콜라주 놀이

하나씩 떼어 쓰는 모양 마스킹 테이프를 활용한 미술 놀이예요. 다양한 모양의 마스킹 테이프로 그림의 빈 공간을 가득 채워 작품을 완성해 보세요.

──────

준비물　□ 떼어 쓰는 마스킹 테이프
　　　　　□ 그림 도안

58 움직이는 그림 놀이

과학

보드마카로 그린 그림을 물 위에 띄우는 놀이예요. 화이트보드에 사용하는 보드마카는 유성 물감과 알코올로 구성되어 있어요. 보드마카로 그림을 그리고 나면 알코올 성분이 모두 날아가고 기름 성분만 남아요. 그래서 물에 넣으면 그림이 둥둥 뜬답니다.

준비물

☐ 보드마카 ☐ 숟가락
☐ 물 ☐ 컵이나 그릇

놀이 방법

1 보드마카로 숟가락에 그림을 그려요.

> **Tip** 사인펜, 유성펜으로는 놀이할 수 없으니 반드시 보드마카나 워터 매직펜(워터 플로팅펜)을 준비해 주세요.

2 숟가락을 물속에 넣어, 물 위에 그림이 떠오르는 것을 관찰해요.

> **Tip** 입김을 불어 그림을 움직여 보세요.

59 내가 그린 그림 찾기

미술

유성 크레파스와 수성 수채화 물감의 특성을 이용한 미술 놀이예요. 흰 도화지에 흰 크레파스로 그리면 그림이 보이지 않는데, 그 위에 수채화 물감을 칠하면 보이지 않던 흰색 선이 나타나요.

준비물

- ☐ 흰 크레파스
- ☐ 수채화 물감 ☐ 흰 도화지
- ☐ 붓 ☐ 물통 ☐ 물

놀이 방법 ·······················

1 흰 도화지에 흰 크레파스로 그림을 그려요.

2 수채화 물감을 물에 섞어 색깔 물을 만들고, 붓으로 도화지를 색칠해요.

Tip 아이가 선을 분명하게 그리고 자신이 그린 그림을 어느 정도 예상할 수 있을 때 놀이해 보세요. 선을 힘 있게 그리지 못하면 흰색 크레파스로 그린 그림이 잘 보이지 않아서 금세 흥미를 잃어요.

60 물감 놀이 모음

1 데칼코마니

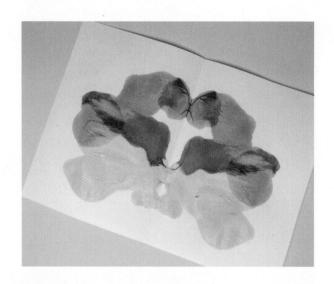

데칼코마니는 물감을 짠 종이를 반으로 접었다 펼쳐서 만드는 미술 기법이에요. 활동을 통해 대칭 개념을 간접적으로 이해할 수 있어요. 종이에 덮인 그림이 어떻게 변했을지 상상하며 놀이해 보세요.

준비물 ☐ 물감　　☐ 도화지

2 스텐실

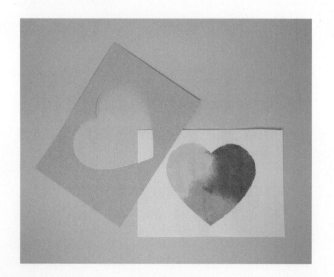

스텐실은 모양을 오려낸 구멍에 물감을 묻혀 그림을 찍어 내는 기법이에요. 스텐실 도안이나 모양자를 사용해서 작품을 만들어 보세요.

준비물 ☐ 물감
☐ 스텐실 판이나 모양자
☐ 스펀지　　☐ 도화지

③ 털실 빼기 물감 놀이

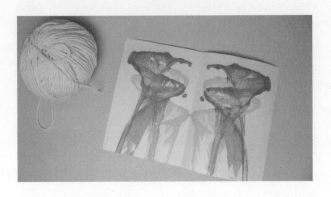

종이에 물감 묻힌 털실을 올리고, 반으로 접은 상태에서 털실을 하나씩 빼내어 작품을 만드는 미술 놀이예요. 털실이 빠지면서 지나간 자리가 물감으로 물들어 독특한 작품이 만들어져요.

───────
준비물　□ 물감　　□ 털실　　□ 도화지

④ 빨대로 물감 불기

종이에 물감 물을 떨어뜨리고 빨대로 불면 번져 나가요. 바람의 방향에 따라 물감이 번지는 모습을 탐색하면서 머리카락이나 나뭇가지를 표현해 보세요.

───────
준비물　□ 물감　　□ 빨대　　□ 도화지

⑤ 구슬로 그림 그리기

구슬에 물감을 묻히고 이리저리 굴려 그림을 표현하는 미술 놀이예요. 물감을 묻힌 구슬이 굴러 가면서 어떤 그림이 완성되는지 살펴보세요.

───────
준비물　□ 물감　　□ 구슬
　　　　　□ 쟁반이나 상자

막대 퍼즐 놀이

조작

하드바로 퍼즐을 만드는 놀이예요. 아이스크림 막대로 쓰이는 하드바는 미술 재료로도 자주 사용돼요. 하드바로 만드는 퍼즐은 다른 퍼즐보다 만들기 쉬우니, 아이들과 함께 놀이해 보세요. 일반적인 퍼즐 모양과는 달라서 아이들이 퍼즐 놀이에 흥미를 갖게 될 거예요.

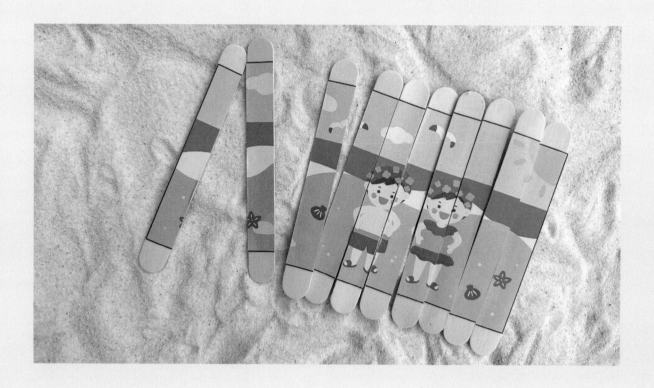

준비물　　□ 하드바(10개)　□ 퍼즐 도안(213-215쪽)　□ 테이프　□ 커터칼

도안

도안 다운로드

Tip 도안은 라벨지에 인쇄하면 붙이기 쉬워요.

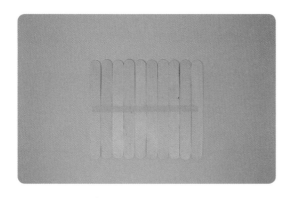

1 하드바 10개를 나란히 놓고 테이프를 붙여 고정해요.

2 하드바를 뒤집어서 도안을 붙여요.

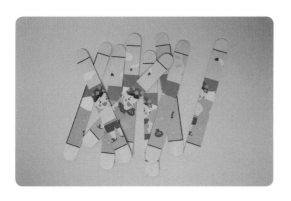

3 고정했던 테이프를 떼어내고 하드바 이음새를 잘라요.

> **Tip** 자르는 것은 어른이 도와주세요.

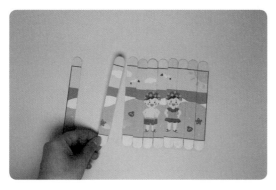

4 하드바를 섞어 놓고 그림이 완성되도록 퍼즐을 맞춰요.

> **Tip** 퍼즐을 맞추기 어려워하면 하드바 끝에 순서를 표시해 놀이해 보세요.

색깔 막대 놀이

수학

하드바 끝을 색칠해서 연결점을 만들고 다양한 모양을 만들어 보세요. 하드바는 직선이라서 이를 이용해서 다양한 모양을 만들다 보면 어느새 도형에 익숙해지고, 수학적 탐구력이 높아집니다. 여러 개를 이용해 색깔 막대를 연결하는 게임으로 확장해도 좋아요.

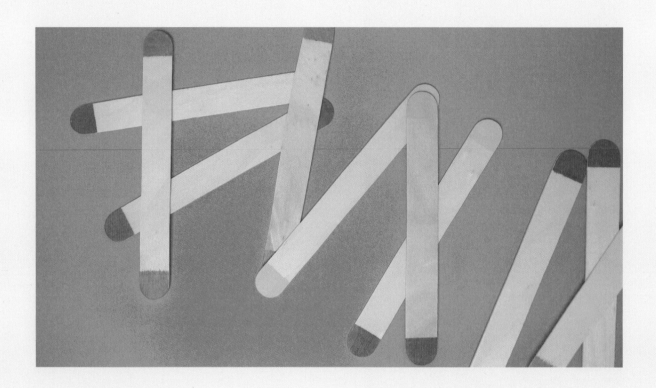

준비물
□ 하드바
□ 사인펜

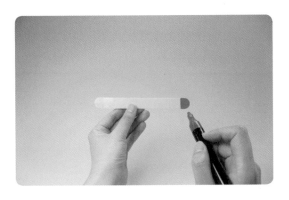

1 하드바의 양쪽 끝을 사인펜으로 색칠해요.

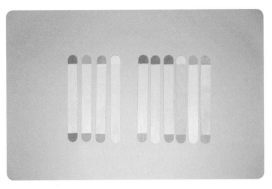

2 예시처럼 하드바 끝을 색칠하고, 여러 벌 만들어
준비해요.

> **예** 빨강–빨강, 초록–초록, 파랑–파랑, 노랑–노랑,
> 빨강–파랑, 빨강–노랑, 빨강–초록,
> 노랑–초록, 파랑–초록, 파랑–노랑

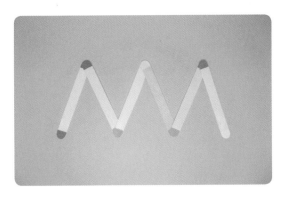

3 같은 색깔의 모서리를 맞대어 연결해요.

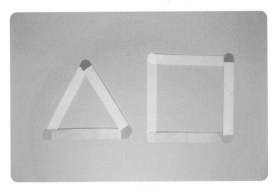

4 같은 색깔의 모서리를 맞대어 여러 가지 모양을
만들어요.

대칭 놀이

플레이콘을 대칭으로 붙이는 수학 놀이예요. 옥수수 전분으로 만들어진 플레이콘은 물을 살짝만 묻혀도 잘 붙어서 스티커처럼 활용할 수 있어요. 가운데 중심선을 사이에 두고 왼쪽과 오른쪽 그림이 마주 보도록 붙이면서 대칭 개념을 이해할 수 있어요.

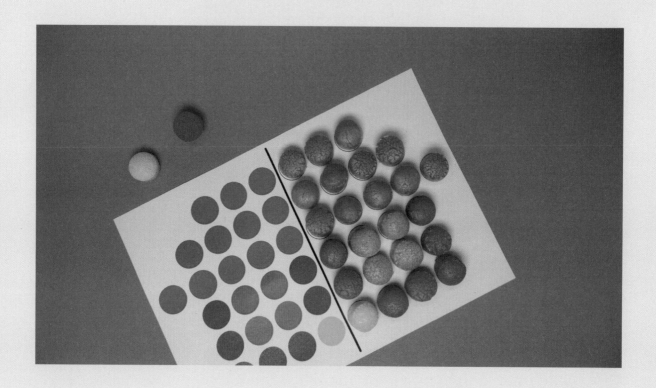

준비물 ☐ 플레이콘   ☐ 대칭놀이 도안(217-221쪽)   ☐ 빵칼   ☐ 물티슈

도안

도안 다운로드

놀이 방법

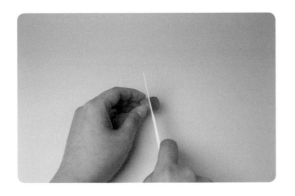

1 플레이콘을 반으로 잘라요.

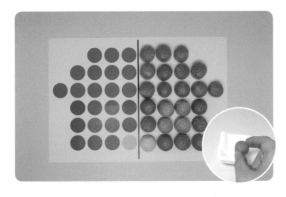

2 플레이콘 단면에 물을 묻혀 그림이 대칭되도록 빈칸에 플레이콘을 붙여요.

> **Tip** 물티슈를 사용하면 물이 적당히 묻어 붙이기 쉬워요.

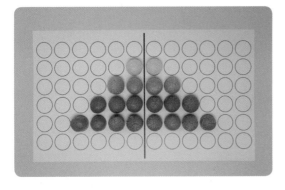

3 빈 도안에 플레이콘을 붙여 다양한 대칭 형태를 만들어요.

4 플레이콘 대신 도트 물감을 활용해도 좋아요.

플레이콘
64 패턴 꼬치 놀이

 수학

플레이콘을 꼬치에 끼워 패턴을 만드는 놀이예요. 일정한 순서로 반복되는 규칙을 발견하고 순서대로 플레이콘을 꽂으면서 패턴 개념을 이해할 수 있어요. 반복되는 패턴을 찾는 과정은 사고력 발달에 도움이 돼요. 빈 패턴카드에 다양한 패턴을 만들어 플레이콘 꼬치를 완성해 보세요.

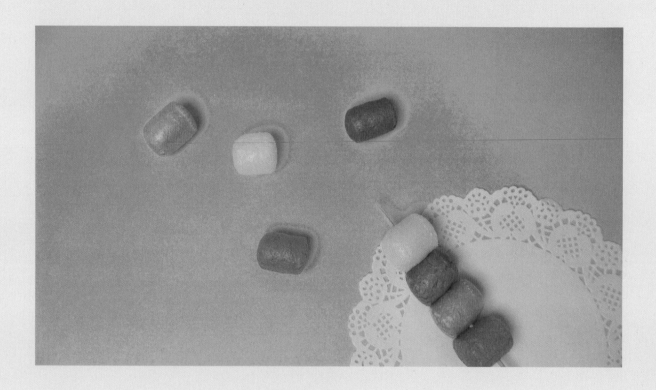

준비물

☐ 플레이콘   ☐ 패턴카드 도안(223쪽)   ☐ 산적 꼬치   ☐ 사인펜

도안

도안 다운로드

놀이 방법

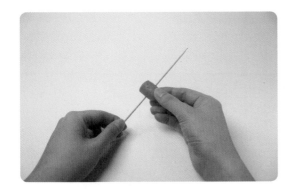

1 플레이콘을 산적 꼬치에 끼우며 재료를 탐색하는
시간을 가져요.

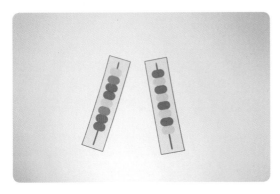

2 패턴카드 중에 하나를 선택해요.

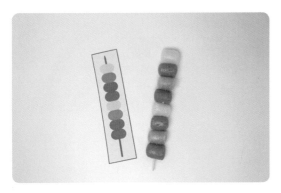

3 제시된 모양을 보며 산적 꼬치에 순서대로
플레이콘을 끼워요.

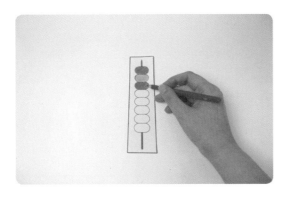

4 빈 카드에 직접 패턴을 그리고, 모양대로 산적
꼬치에 플레이콘을 끼워요.

복주머니 꾸미기

 미술

습자지로 종이를 물들여 복주머니를 꾸미는 미술 놀이예요. 습자지는 굉장히 얇고 흡습성이 강해서 물에 닿으면 쉽게 색이 빠져요. 습자지 조각에 물을 뿌리면서 종이에 붙이면, 종이에 물이 스며들면서 알록달록 색깔이 나오지요.

준비물   ☐ 습자지   ☐ 복주머니 도안(225쪽)   ☐ 물   ☐ 분무기   ☐ 가위

도안

도안 다운로드

놀이 방법

1 습자지를 가위로 오려 조각내요.

2 복주머니 도안을 오려요.

3 분무기로 물을 뿌리며 습자지 조각을 붙여요.

4 물이 완전히 마르면 습자지를 떼어 내요.

제기 만들기

신체

습자지와 병뚜껑을 이용해서 제기를 만들고 제기차기를 해 보세요. 제기는 동전이나 쇠붙이에 종이나 헝겊을 감싸고 먼지떨이처럼 여러 갈래로 찢어 만든 놀잇감이에요. 제기가 땅에 떨어지지 않게 몸을 움직이다 보면 대근육이 발달하고, 신체 조절력이 향상돼요.

준비물

☐ 습자지
☐ 병뚜껑
☐ 점토
☐ 고무줄

Tip 점토 대신 동전이나 작은 돌멩이를 사용해도 좋아요.

1 병뚜껑 안쪽에 점토를 넣어요.

2 3-4장 겹친 습자지 가운데 병뚜껑을 놓고 돌돌 말아요.

3 병뚜껑을 감싼 습자지를 고무줄로 묶어요.

4 병뚜껑을 감싸고 남은 습자지를 길쭉하게 찢어서 제기를 완성해요.

> **Tip** 제기차기를 어려워하면 제기에 끈을 달아 붙잡고 놀아 주세요.

미술 재료

습자지

한복 썬캐처 만들기

미술

셀로판지 조각을 붙여 한복 모양의 썬캐처를 만드는 미술 놀이예요. 셀로판지를 빛에 비추면 색깔이 투과되어 빛과 함께 어우러져요. 썬캐처를 햇살 드는 창가에 걸어두거나 어두운 공간에서 손전등으로 비춰 보며 시각적인 변화를 탐색해 보세요.

준비물

☐ 셀로판지   ☐ 한복 도안(227쪽)   ☐ 검은 도화지   ☐ 손 코팅지   ☐ 리본 끈   ☐ 가위

도안

도안 다운로드

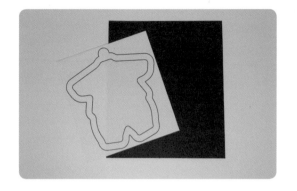

1 한복 도안과 검은 도화지를 겹쳐 놓고 가위로
오리고, 손 코팅지를 덧대어 붙여요.

2 손 코팅지를 덧댄 썬캐처 틀에 조각낸 셀로판지를
붙여요.

3 앞면에도 손 코팅지를 붙여 모양대로 오리고,
위쪽에 구멍을 뚫어요.

4 리본 끈을 달아 햇빛 드는 창가에 장식해요.

> **Tip** 썬캐처를 어두운 공간에서 손전등으로 비추며
> 그림자놀이도 해 보세요.

68 라인 따라 붙이기

그림의 선을 따라 스티커를 이어 붙이는 놀이로, 스티커는 소근육이 사용되는 미술 재료예요. 여기서는 더 높은 난이도인 선을 따라 스티커를 붙여 보세요. 움직임은 눈과 손의 협응력 발달에도 많은 도움이 됩니다.

준비물 ☐ 도트스티커 ☐ 모양 도안(229쪽) ☐ OHP 필름 ☐ 유성펜

도안

도안 다운로드

Tip OHP 필름이 없을 때는 투명 폴더를 잘라 사용해도 좋아요.

놀이 방법

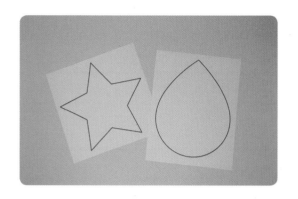

1 도안의 모양을 살펴봐요.

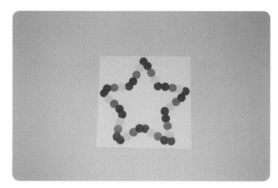

2 도안의 선을 따라 도트스티커를 붙여요.

> **Tip** 도트스티커의 크기는 아이의 소근육 발달
> 정도에 따라 선택하세요.

3 OHP 필름에 모양을 그리고, 선을 따라
도트스티커를 붙여요.

> **Tip** 도안 위에 OHP 필름을 올려놓고 따라
> 그려도 좋아요.

4 완성된 작품에 빛을 비추며 그림자놀이를
해 보세요.

문어 · 물고기 꾸미기

 미술

손가락 도장을 찍어 그림을 꾸미는 미술 놀이예요. 소근육 발달이 미숙한 아이들에게는 붓보다는 손가락이 의도한 대로 표현하기 쉬운 도구가 될 수 있어요. 다양한 표현 방법을 익히는 것은 아이들의 창의력과 상상력 발달에 많은 도움이 됩니다.

준비물   ☐ 스탬프   ☐ 문어 · 물고기 도안(231-233쪽)

도안

도안 다운로드

놀이 방법 ···

1 스탬프를 사용해서 손가락 도장을 찍고 모양을
살펴봐요.

2 도안의 문어 다리를 살펴봐요.

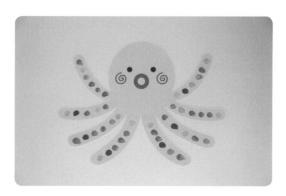

3 손가락 도장을 찍어 문어 다리를 꾸며요.

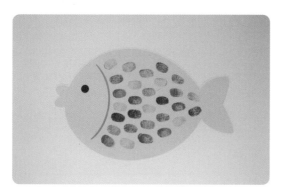

4 손가락 도장을 찍어 물고기 비늘을 표현해요.

알록달록 나비 꾸미기

미술 🌱

스크래치 페이퍼를 긁어 그림을 그리는 미술 놀이예요. 스크래치 페이퍼는 뾰족한 나무 펜으로 긁어 내면 밑에 있던 색깔이 나타나는 미술 재료예요. 모양대로 오린 뒤 스크래치 기법으로 그림을 완성해 보세요.

도안

도안 다운로드

준비물

☐ 스크래치 페이퍼   ☐ 가위
☐ 나비 도안(235쪽)   ☐ 나무 펜

놀이 방법 ·······················

1 스크래치 페이퍼를 나비 모양으로 오려요.

> **Tip** 나비 모양으로 오리기 어려워하면 어른이 도와주세요.

2 스크래치 페이퍼를 나무 펜으로 긁어 나비 무늬를 꾸며요.

> **Tip** 검은 가루가 떨어질 수 있으니 신문지 등 종이를 넓게 깔아 놓고 놀이하세요.

3 완성된 작품에 끈을 달아 모빌처럼 장식해도 좋아요.

71 골판지 프로타주

프로타주는 올록볼록한 물체 위에 종이를 대고 연필이나 색연필로 문질러서 무늬를 베껴 내는 미술 기법이에요. 골판지를 모양을 내어 붙이고 그 위에 종이를 대고 색연필로 문질러 보세요. 물체의 무늬를 베껴 내는 것으로도 미술적 표현이 가능하다는 것을 알게 될 거예요.

준비물

☐ 골판지   ☐ 색연필
☐ 도화지   ☐ 가위   ☐ 풀

놓이 방법

1 골판지를 원하는 모양으로 오려요.

2 도화지에 골판지 조각을 붙여요.

3 그 위에 다른 도화지를 올려놓고 색연필로 베껴 내요.

골판지 놀이 모음

1 모양 도장 찍기

골판지에는 주름이 있어서 무늬를 찍어내는 놀이에 자주 사용해요. 골판지를 원하는 모양으로 오리고 도장처럼 찍으며 놀이해 보세요.

준비물 · ☐ 골판지　　☐ 물감
　　　　　☐ 가위

2 팽이 만들기

띠 골판지로 팽이를 만드는 놀이예요. 이쑤시개에 띠 골판지 한쪽 끝을 붙인 뒤 골판지를 돌돌 말아 붙이면 손쉽게 팽이를 만들 수 있어요.

준비물　☐ 띠 골판지
　　　　　☐ 이쑤시개
　　　　　☐ 양면테이프

③ 꽃 만들기

골판지는 주름이 있는 방향으로 돌돌 잘 말려요. 돌돌 만 골판지를 여러 개 모아 붙여서 꽃을 표현해 보세요.

준비물 ☐ 띠 골판지
　　　　　　☐ 양면테이프

④ 직조 놀이

실을 엮어 직물을 만드는 과정을 경험하는 직조 놀이예요. 길쭉한 띠 골판지를 교차하여 끼우다 보면 집중력 향상에 도움이 됩니다.

준비물 ☐ 띠 골판지
　　　　　　☐ 양면테이프

시계 놀이

성냥스틱으로 전자시계의 숫자를 표현하는 시계 놀이예요. 전자시계의 숫자대로 성냥스틱을 놓다 보면 자연스럽게 시계 보는 것에 흥미가 생기지요. 요즘에는 성냥이 흔치 않아서, 공예 용도로 나오는 성냥스틱을 사용해요. 성냥스틱은 길이가 짧고 일정해서 놀이 재료로 자주 쓰입니다.

준비물   ☐ 성냥스틱   ☐ 놀이판 도안(237쪽)   ☐ 시계 예시카드 도안(239쪽)

도안

도안 다운로드

1 전자시계의 숫자 표현대로 성냥스틱을 놓아 보며 눈에 익혀요.

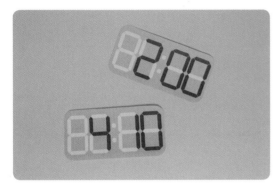

2 시계 예시카드 중 한 장을 고르고, 몇 시인지 말해요.

3 시계 예시카드를 보고, 놀이판에 성냥스틱을 놓아 동일한 시간을 만들어요.

4 놀이가 익숙해지면 지금 시간을 알아보고, 놀이판에 시간을 나타내요.

모양 만들기

미술

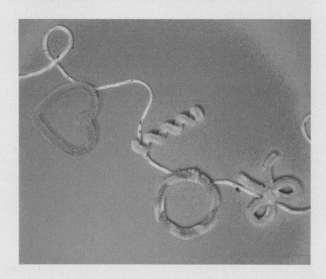

모루는 철사에 섬유가 붙어 있는 미술 재료예요. 아이의 힘으로도 쉽게 구부릴 수 있어 모양을 만들기 좋아요. 모루를 구부리거나 꼬아서 다양한 모양을 만들다 보면 상상력과 창의력이 발달됩니다. 모루 작품을 연결해 가랜드나 모빌도 만들어 보세요.

준비물

☐ 모루   ☐ 털실

놀이 방법

1 모루를 구부리거나 꼬아 다양한 모양을 만들어요.

Tip 모루 끝이 날카로울 수 있으니 조심하세요.

2 모루로 만든 작품을 이어 달아 가랜드나 모빌을 만들어요.

나들이 도시락 만들기

점토는 입체적 표현이 가능한 미술 재료예요. 손으로 주물러서 다양한 모양을 만들 수 있지요. 점토는 촉감을 자극하여 감각 발달을 도울 뿐만 아니라 긴장감을 완화해 스트레스 해소에도 도움이 된답니다. 도시락에 담길 음식을 떠올리며 만들다 보면 창의력과 집중력도 발달해요.

준비물

☐ 점토
　(천사점토, 폼클레이 등)
☐ 사인펜　☐ 종이 도시락

놀이 방법 ···

1 흰색 점토에 사인펜을 콕콕 찍어 색깔 점토로 만들어요.

2 삼각김밥, 달걀말이, 문어 소시지 등 나들이 도시락에 담을 음식 모형을 만들고 종이 도시락에 담아요.

3장

자연 재료

요즘 아이들은 대부분 도시에서 생활해서 자연을 접할 기회가 많지 않아 자연을 낯설게 생각하기 쉬워요. 하지만 멀리 나가지 않아도 가까운 공원이나 산책로에서도 자연을 느낄 수 있어요. 야외 활동할 때 자연물을 활용한 놀이를 해 보세요. 호기심 가득한 유아기에 자연은 탐험을 즐기기 좋은 무대가 되고, 이를 통해 자연과 어울리는 방법, 자연을 존중하는 마음도 배울 수 있어요.

76 자연에서 만나는 색깔

탐색

자연이 익숙하지 않은 아이에게 먼저 자연과 친해질 시간을 주세요. 산책할 때 색깔 팔레트를 들고 나가 자연에 있는 다양한 색깔을 찾아보세요. 숨은 그림 찾기처럼 흥미를 가지고 자연을 관찰하면서 색깔을 탐구할 거예요.

도안

도안 다운로드

준비물

□ 색깔 팔레트 도안(241쪽)

놀이 방법

1 색깔 팔레트에 있는 색깔을 자연에서 찾아요.

2 색깔 팔레트와 같은 색깔의 자연물을 주워 올려놓고 자연의 색깔을 관찰해요.

77 자연 풍경 담기

 탐색

아이의 시선을 자연으로 향하게 하는 탐색 놀이예요. 밖으로 나가서 모양 돋보기에 자연 풍경을 담아 보세요. 이 시기 아이들은 호기심이 많아서, 자연을 탐색하다 보면 스스로 탐험가가 되어 생각의 가지를 펼쳐 나갈 거예요.

자연 체료 자연 탐색

도안

도안 다운로드

준비물

☐ 모양 돋보기 도안(243쪽)
☐ 가위

놀이 방법

1 도안을 모양대로 오려 구멍을 뚫어요.

Tip 모양 돋보기를 만드는 것은 어른이 도와주세요.

2 산책하면서 마음에 드는 자연 풍경을 찾아요.

3 모양 돋보기에 자연 풍경을 담아 보세요.

Tip 직접 그린 모양으로 모양 돋보기를 만들고, 거기에 자연 풍경을 담아도 좋아요.

솔잎으로 고슴도치 꾸미기

 미술

솔잎으로 고슴도치를 표현하는 미술 놀이예요. 솔잎은 바늘처럼 뾰족하게 생겨서, 등에 무수히 많은 가시를 달고 있는 고슴도치를 표현할 수 있어요. 솔잎처럼 색다른 나뭇잎을 사용하면 다양한 나뭇잎 모양을 살피며 자연을 탐색할 수 있어요.

도안

도안 다운로드

준비물

☐ 솔잎
☐ 고슴도치 도안(245쪽)
☐ 목공용 풀

놀이 방법

1 공원이나 산책로에서 솔잎을 모아요.

2 고슴도치의 등에 솔잎을 붙여 꾸며요.

3 다른 모양의 나뭇잎이나 나뭇가지를 사용해서 고슴도치를 꾸며요.

79 나뭇잎 왕관 만들기

미술

종이접시와 나뭇잎으로 왕관을 만드는 미술 놀이예요. 자연에서 찾은 다양한 모양의 나뭇잎으로 멋진 왕관을 꾸며 보세요. 가을에는 낙엽을 활용하면 알록달록 예쁜 작품을 만들 수도 있어요. 나뭇잎을 구하기 어려울 때는 나뭇잎 도안을 활용하세요.

도안

도안 다운로드

준비물

☐ 나뭇잎(도안 247쪽)
☐ 종이접시 ☐ 양면테이프
☐ 커터칼

놀이 방법

1 공원이나 산책로에서 나뭇잎을 모아요.

2 종이접시 가운데를 피자처럼 8등분하여 칼집을 내요.

3 칼집 낸 부분을 접어 세워 왕관 모양으로 만들어요.

4 종이접시 왕관에 나뭇잎을 붙여 꾸며요.

80 나뭇잎 이야기 만들기

언어 🌱

다양한 표정을 담은 나뭇잎으로 이야기를 만들어 보세요. 사람이 감정을 표현할 때 눈이 큰 역할을 한다는 것을 알게 됩니다. 감정을 이해하고 자기 감정을 표현하는 것은 사회관계를 형성하는 기초가 된답니다. 또 나뭇잎을 의인화하여 이야기를 만드는 과정을 통해 상상력과 창의력도 향상될 거예요.

준비물

☐ 나뭇잎　☐ 도트스티커
☐ 유성펜

놀이 방법

1　공원이나 산책로에서 여러 가지 나뭇잎을 모아요.

2　도트스티커에 다양한 눈 모양을 그리고, 나뭇잎에 붙여요. 나뭇잎으로 인형 놀이를 하며 이야기를 펼쳐 보세요.

Tip　도트스티커 대신 표정 스티커를 사용해도 좋아요.

81 나뭇잎 모양 퍼즐

다양한 모양의 나뭇잎을 활용한 퍼즐 놀이예요. 나뭇잎은 물방울 모양, 손바닥 모양, 길쭉한 모양 등 정말 다양해요. 나뭇잎으로 퍼즐판을 만들고 같은 모양의 나뭇잎을 맞추는 퍼즐 놀이는 나뭇잎 모양을 살펴보기에 좋은 자연 탐색 놀이랍니다.

준비물

□ 나뭇잎   □ 도화지
□ 사인펜

놀이 방법

1 다양한 모양의 나뭇잎을 모아, 나뭇잎을 도화지에 올려놓고 모양을 따라 그려 퍼즐판을 만들어요.

2 퍼즐판에 같은 모양의 나뭇잎을 찾아 맞추며 놀이해요.

82 나뭇가지 쌓기

 조작

나뭇가지를 교차해서 탑처럼 쌓는 자연 놀이예요. 놀이용 산가지를 활용해도 되지만, 자연에서 발견한 것 그대로 놀이 소재로 활용하면 자연을 존중하고 배려하는 마음을 갖게 될 거예요. 주변에 떨어진 나뭇가지를 주워 쌓기 놀이를 해 보세요.

준비물 ☐ 나뭇가지

놀이 방법

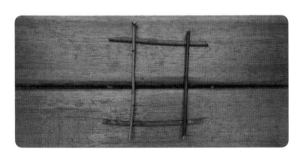

1 숲에 떨어진 나뭇가지를 모아서, 나뭇가지로 네모 모양을 만들어요.

2 같은 모양으로 반복해서 나뭇가지를 쌓아요.

Tip 세모, 동그라미 등 다양한 모양으로 쌓으며 놀이해 보세요.

83 나뭇가지 떼어 내기

 조작

이리저리 섞인 나뭇가지 한 줌에서 다른 나뭇가지를 건드리지 않고 하나씩 들어 내는 놀이예요. 전래 놀이인 산가지 놀이 방법 중 하나랍니다. 순서를 정해서 번갈아 나뭇가지를 들어 내며 놀이해 보세요.

준비물 □ 나뭇가지

놀이 방법

1 나뭇가지를 한곳에 섞어 놓아요.

2 가장 위에 있는 나뭇가지를 찾아 들어내요. 나뭇가지를 들다가 다른 나뭇가지를 건드리면 다시 내려놓아요.

Tip 나뭇가지를 모두 가져가면 각자 가져간 나뭇가지 개수를 헤아려 보세요.

꽃잎

84 꽃나무 꾸미기

미술 🌱

꽃잎을 압화해서 꽃나무를 꾸미는 미술 놀이예요. 우리 주변에는 계절별로 다양한 꽃이 피어요. 산책하다 보면 우리가 생각했던 것보다 정말 다양하다는 걸 알 수 있어요. 산책하면서 발견한 꽃잎으로 알록달록 꽃나무를 꾸며 보세요.

도안

도안 다운로드

준비물

☐ 꽃잎 ☐ 나무 도안(249쪽)
☐ 손 코팅지 ☐ 가위

놀이 방법

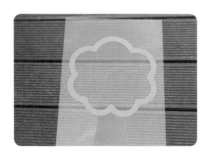

1 나무 도안을 모양대로 오리고 손 코팅지에 붙여요.

2 산책하면서 모은 여러 가지 색깔의 꽃잎을 나무 도안에 붙여요.

3 손 코팅지를 한 겹 더 붙이고 꽃나무 모양대로 오려요.

손수건 물들이기

자연에서 찾은 다양한 색깔의 꽃잎으로 손수건을 물들이는 놀이예요. 흰 손수건 위에 꽃잎을 올려 두고 톡톡 두드리면 꽃잎이 가지고 있던 색깔로 손수건이 알록달록 물들 거예요. 다채로운 꽃잎의 색상을 발견하고, 자연의 색을 느낄 수 있는 좋은 탐색 놀이랍니다.

준비물

☐ 꽃잎　☐ 흰 손수건
☐ 돌멩이 또는 숟가락

놀이 방법

1 산책하면서 여러 가지 색깔의 꽃잎을 수집해요.

2 흰 손수건 위에 꽃잎을 올려놓고 반으로 접은 뒤, 꽃잎의 물이 빠지도록 돌멩이나 숟가락으로 찧어요.

3 꽃잎을 떼어 내고 손수건에 물든 자연의 색깔을 관찰해요.

돌멩이 땅따먹기

조작

땅따먹기는 바닥에서 바둑돌을 튕겨 땅을 넓혀 가는 민속놀이예요. 많은 준비물이 필요하지 않아 야외 활동할 때, 아이와 함께 놀이하기에 좋아요. 바깥에서 놀이하면 더욱 재밌겠지만, 돌멩이만 있으면 집에서도 할 수 있어요. 땅따먹기 놀이판을 만들고, 그 위에서 작은 돌멩이를 튕기며 놀이해 보세요.

준비물

□ 돌멩이 □ 도화지
□ 크레용

놀이 방법

1 도화지에 선을 그어서 놀이판을 만들어요. 놀이판의 시작점에 작은 돌멩이를 올려놓고 손가락으로 튕겨요.

2 돌멩이가 도착한 곳이 내 땅이에요. 내가 정한 색깔로 색칠해요.

Tip 주인 있는 곳에 도착하면 땅을 가질 수 없어요.

3 모든 땅에 주인이 생기면 놀이는 끝나요.

열매 콜라주

곡식을 활용한 콜라주 미술 놀이예요. 새싹이 돋고 잎이 자라면 이내 꽃이 펴요. 꽃이 진 자리에는 열매가 맺히고요. 가을이 되면 자연에서 많은 열매를 얻을 수 있어요. 그중에서 다양한 곡식의 모양새를 탐색하고, 허수아비 옷에 붙여 꾸며 보세요.

도안

도안 다운로드

준비물

☐ 다양한 곡식
☐ 허수아비 도안(251쪽)
☐ 목공용 풀

놀이 방법

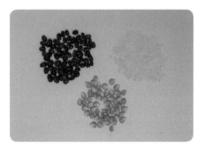

1 다양한 곡식을 만지며 탐색해요.

> **Tip** 곡식은 쌀, 콩, 팥 등을 준비해 보세요.

2 허수아비 옷에 목공용 풀을 발라요.

3 곡식을 붙여 허수아비 옷을 꾸며요.

4장

주방 재료

'주방 재료' 하면 요리 놀이가 떠올라 엄두가 나지 않을 수 있어요. 주방 재료로 아주 간단한 놀이도 가능하답니다. 우리 생활에서 주방은 아주 가까운 공간이에요. 멀리 가지 않아도 주방에서 재미있는 놀이 재료를 찾을 수 있어요.

뽀득뽀득 만득이 만들기

탐색

밀가루를 풍선 안에 넣어 만득이 놀잇감을 만드는 놀이예요. 밀가루는 뭉치면 뽀득뽀득 소리가 나고, 부드러운 촉감이 느껴져요. 슬라임처럼 촉감 탐색 놀이에 활용하면 좋아요.

준비물   ☐ 밀가루   ☐ 풍선
         ☐ 유성펜   ☐ 깔때기

놀이 방법

1 밀가루를 만지며 촉감을 탐색해요.

2 깔때기를 사용하여 풍선 안에 밀가루를 넣고 매듭지어요.

3 풍선에 얼굴을 그려요.

4 만득이 풍선을 손으로 주무르며 촉감과 소리를 탐색해요.

89 눈 내린 겨울 풍경

미술

밀가루와 풀을 사용하여 겨울 풍경을 꾸미는 미술 놀이예요. 검은 도화지에 물풀로 그림을 그리고 밀가루를 뿌리면 겨울 풍경 그림이 선명하게 보이지요. 물풀은 쓱쓱 그림이 잘 그려져서 소근육 조작이 능숙하지 않은 아이들도 쉽게 다룰 수 있어요.

준비물

☐ 밀가루 ☐ 물풀
☐ 검은 도화지

놀이 방법

1 물풀로 검은 도화지에 겨울 풍경을 그려요.

2 검은 도화지 위에 밀가루를 뿌려요.

Tip 도화지를 쟁반이나 상자 안에 넣고 밀가루를 뿌리면 정리하기 쉬워요.

3 밀가루를 털어내고 검은 도화지에 남은 그림을 살펴보세요.

90 무지개빛 공작새

샐러리로 도장을 찍어 공작새의 멋진 깃털을 꾸미는 미술 놀이예요. 초승달처럼 생긴 샐러리 단면을 도장처럼 찍어서 공작새 깃털을 알록달록 무지개빛으로 꾸며 보세요. 새로운 재료를 사용한 표현 활동은 창의력 발달에 도움이 된답니다.

도안

도안 다운로드

준비물

☐ 샐러리　　☐ 물감
☐ 공작새 도안(253쪽)
☐ 팔레트　　☐ 빵칼

놀이 방법

1 빵칼로 샐러리를 잘라 단면을 살펴봐요.

2 샐러리 단면에 물감을 묻혀 도장처럼 찍어요.

3 공작새 도안에 다양한 색깔로 샐러리 도장을 찍어 공작새 깃털을 꾸며요.

장미 꽃다발 꾸미기

미술 🌱

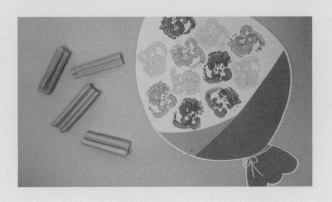

단면이 초승달처럼 생긴 샐러리로 꽃잎이 풍성한 장미꽃을 표현할 수 있어요. 샐러리를 여러 개 모아 묶어 도장을 만든 후, 장미 꽃다발을 꾸며 보세요. 모아 묶은 샐러리 양을 조절하면 꽃송이 크기도 다양하게 표현할 수 있어요.

도안

도안 다운로드

준비물

☐ 꽃다발 도안(255쪽)
☐ 샐러리 ☐ 물감 ☐ 팔레트
☐ 고무줄 ☐ 빵칼

놀이 방법

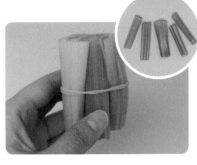

1 샐러리를 같은 길이로 여러 개 조각낸 뒤, 포개어 고무줄로 묶어요.

Tip 빵칼을 이용해서 아이와 함께 잘라 보세요.

2 샐러리 단면에 물감을 묻혀 도장처럼 찍고, 모양을 살펴봐요.

3 꽃다발 도안에 샐러리 도장을 찍어 풍성한 장미 꽃다발로 꾸며요.

입체 모형 만들기

마시멜로를 파스타 면으로 연결하여 모양을 만드는 놀이예요. 마시멜로는 말랑말랑해서 뾰족한 파스타 면이 잘 들어간답니다. 처음에는 세모, 네모와 같은 평면 모양을 만들다가, 익숙해지면 입체 도형을 만들어 보세요.

준비물

☐ 마시멜로
☐ 파스타 면

놀이 방법

1 파스타 면을 반으로 잘라 준비한 뒤, 마시멜로에 끼워요.

Tip 파스타 면이 잘 부러진다면 이쑤시개나 산적 꼬치를 사용하세요.

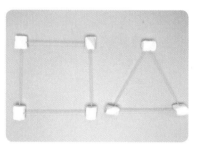

2 파스타 면과 마시멜로를 연결하며 모양을 만들어요.

3 기둥을 세워 입체적인 모양을 만들어요.

93 마블링 놀이

과학

우유와 주방세제를 이용해서 마블링 작품을 만드는 과학 놀이예요. 마블링은 물과 기름이 서로 섞이지 않는 특징을 이용하여 작품을 만드는 표현 기법이에요. 마블링 물감이 없어도, 주방 재료만으로 마블링 작품을 만들 수 있어요.

준비물

- ☐ 우유
- ☐ 주방세제
- ☐ 색깔 물
- ☐ 접시
- ☐ 면봉

주방 재료

마시멜로 / 우유

놀이 방법

1 우유가 담긴 접시에 색깔 물을 조금씩 부어요.

Tip 색깔 물은 물에 물감을 섞어 여러 가지 색깔로 준비해 주세요.

2 면봉 끝에 주방세제를 묻혀 접시에 담가요.

3 면봉이 닿을 때마다 흩어지는 색깔 물의 움직임을 관찰해요.

94 주스 얼음 색칠 놀이

미술

주스를 얼린 얼음으로 색칠하는 미술 놀이예요. 아이스크림을 만들듯이 얼음 틀에 포도, 토마토처럼 색이 진한 주스를 담고, 하드바를 하나씩 끼워 얼려 보세요. 주스 얼음으로 그림을 그리면 얼음이 녹으면서 은은한 색깔이 나와요.

준비물

☐ 얼음 틀 ☐ 하드바
☐ 색깔 있는 주스
☐ 도화지 ☐ 가위

놀이 방법

1 얼음 틀에 색깔 있는 주스를 담아요.

2 하드바를 반으로 잘라 얼음 틀에 하나씩 끼워 얼려요.

Tip 하드바를 자르는 것은 어른이 도와주세요.

3 얼음 틀에서 얼음 막대를 꺼내서 그림을 색칠해요.

95 헤어스타일 꾸미기

 미술

여러 가지 파스타 면을 이용해서 머리카락을 꾸미는 미술 놀이예요. 파스타 면은 우리가 자주 접하는 식재료로, 펜네, 푸실리, 파르팔레 등 종류에 따라 모양이 다양해요. 개성 있는 헤어스타일을 꾸미면서 표현력과 창의력도 쑥쑥 자란답니다.

주방 재료

얼음 / 파스타

도안

도안 다운로드

준비물

☐ 여러 가지 파스타 면
☐ 얼굴 도안(257쪽)
☐ 목공용 풀 ☐ 사인펜

놀이 방법

1 얼굴 도안에 눈, 코, 입을 그려요.

2 여러 가지 모양의 파스타 면을 살펴봐요.

3 파스타 면을 붙여 머리카락을 꾸며요.

벚꽃 나무 꾸미기

미술

팝콘이 나무에 달려 있으면 어떤 모습일까요? 하얗게 활짝 핀 벚꽃 나무가 연상될 거예요. 나무 도안에 팝콘을 붙여 벚꽃 나무를 꾸미는 미술 놀이예요. 딸기, 비트, 강황 등 색깔 있는 천연 가루를 팝콘에 섞어 다양한 색깔의 꽃나무로 꾸밀 수도 있어요.

도안

도안 다운로드

준비물
- □ 팝콘   □ 목공용 풀
- □ 천연 가루
- □ 나무 도안(259쪽)

놀이 방법

1 아이와 함께 팝콘을 만들어요.

2 나무 도안에 팝콘을 붙여 벚꽃 나무를 꾸며요.

3 팝콘에 천연 가루를 섞어 물들여서 색깔 있는 꽃나무를 꾸며요.

> **Tip** 팝콘을 물들이기 쉽게, 색이 분명한 비트, 강황과 같은 가루를 사용해 보세요.

모양 만들기

조작

간식을 먹을 때 아이와 함께 할 수 있는 간단한 놀이예요. 동그란 모양의 과자로 예시카드에 나온 모양처럼 만들어 보세요. 이것이 익숙해지면 상대방이 빈 카드에 그린 모양을 만드는 게임으로 확장하여 놀이해 보세요.

주방 재료 밀론 / 과자

도안

도안 다운로드

준비물

☐ 동그란 과자　☐ 사인펜
☐ 모양 예시카드(261쪽)

놀이 방법 ···

1 모양 예시카드 중에 하나를 골라요.

2 모양 예시카드를 보면서 과자로 같은 모양을 만들어요.

3 빈 카드에 만들고 싶은 모양을 그리고, 카드에 그린 모양대로 과자를 배열해요.

팔찌·반지 만들기

 미술

라이스페이퍼에 그림을 그려서 팔찌와 반지를 만들어요. 라이스페이퍼는 수분을 흡수하면 찰싹 달라붙는 특징이 있어요. 수분기가 없는 빳빳한 라이스페이퍼에 그림을 그린 뒤, 물을 묻혀 부드러워지면 손가락이나 손목에 감아 보세요.

준비물

☐ 라이스페이퍼
☐ 유성펜
☐ 물
☐ 가위

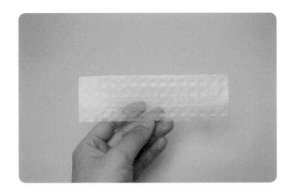

1 라이스페이퍼를 손가락과 손목에 두를 만한 길이로 잘라 준비해요.

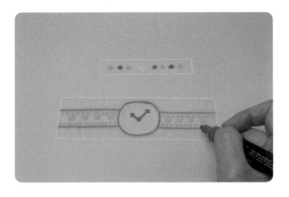

2 라이스페이퍼에 팔찌나 시계, 반지를 그려 꾸며요.

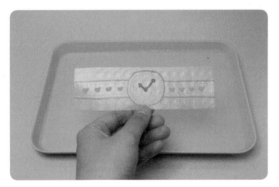

3 미지근한 물에 라이스페이퍼를 담가요.

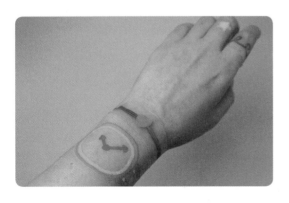

4 라이스페이퍼를 손가락과 손목에 감아 꾸며 보세요.

99 부푸는 풍선 놀이

과학

알칼리성인 베이킹 소다와 산성인 식초의 성질을 이용해 풍선을 부풀리는 과학 놀이예요. 베이킹 소다가 들어 있는 풍선을 들어 올리면 식초가 담긴 페트병 안으로 들어가서 이산화탄소가 발생하고 풍선이 부풀어요. 그림이 있는 풍선을 사용하면 그림이 점점 커지는 것을 관찰하는 재미도 있답니다.

준비물

- ☐ 베이킹 소다
- ☐ 식초
- ☐ 페트병
- ☐ 풍선
- ☐ 깔때기

놀이 방법

1 페트병 안에 식초를 넣어요.

2 깔때기를 사용해서 풍선 안에 베이킹 소다 두 숟가락을 넣어요.

3 페트병 입구에 풍선을 씌우고, 풍선을 들어 올려 페트병 안으로 베이킹 소다를 넣어요.

4 풍선이 저절로 부풀어 오르는 모습을 관찰해요.

> **Tip** 페트병에서 조금 떨어져서 관찰하세요.

100 크리스마스 만들기

크리스마스는 남녀노소 모두가 좋아하는 큰 행사예요. 크리스마스가 다가오면 화려하게 공간을 꾸미지요. 특별한 준비물 없이도 도안만 있으면 손쉽게 만들 수 있는 종이 놀이를 함께해 보세요. 아이가 만든 작품으로 크리스마스 분위기가 물씬 날 거예요.

1 스노우볼 컬러링

겨울이 되면 눈 내리는 풍경이 가장 먼저 떠오르죠? 크리스마스에 눈이 내리는 풍경이 담긴 스노우볼을 색칠하는 놀이예요. 빈 스노우볼에 직접 그림을 그려서 나만의 스노우볼도 꾸며 보세요.

도안

도안 다운로드

준비물

☐ 스노우볼 도안(263쪽)
☐ 크레용

놀이 방법 ·····························

1 스노우볼 컬러링 도안을 색칠해서 꾸며요.

2 빈 스노우볼 도안은 그림을 그려서 나만의 스노우볼로 꾸며요.

Tip 빈 스노우볼 도안은 다운로드 받아 사용하세요.

② 산타 수염 가위질 놀이

산타는 길고 흰 수염이 있어요. 산타에게 개성 있는 수염을 만들어 주는 가위질 놀이예요. 산타 수염 도안에 오리고 싶은 대로 다양한 선을 그리고 그 선을 따라 가위로 오려 보세요. 선 따라 가위의 방향을 조절하면서 손을 움직이면 소근육 발달에 도움이 됩니다.

도안

준비물

☐ 산타 수염 도안(265쪽)
☐ 사인펜　☐ 가위

스페셜

놀이 방법 ···

1 산타 수염에 다양한 선을 그려요.

2 선을 따라 오려서 산타 수염을 만들어요.

❸ 크리스마스카드 만들기

크리스마스에는 주변 사람들과 카드를 주고받으며 인사를 나눠요. 크리스마스가 연상되는 산타, 루돌프, 트리 그림이 담긴 입체 카드를 만들어서 주변 사람들에게 전해 보세요. 크리스마스와 새해 인사도 적어 보세요.

준비물

☐ 크리스마스카드 도안(267쪽)　☐ 가위　☐ 풀　☐ 크레용

도안

도안 다운로드

Tip 도안을 두꺼운 종이에 인쇄하면 조금 더 단단하게 카드를 만들 수 있어요.

1 크리스마스카드 도안을 오리고 색칠해요.

> **Tip** 카드 뒷면에 크리스마스와 새해 인사를
> 적어도 좋아요.

2 점선을 따라 접고 풀칠해서 배경판을 세워요.

3 트리 도안을 오리고 색칠해요. 점선을 따라 접어
세워요.

4 배경판 중앙에 트리를 붙여 카드를 완성해요.

④ 크리스마스트리 만들기

실제 크리스마스트리 만들기는 어렵지만 종이 트리는 아주 간단하고 쉬워요. 종이를 빙글빙글 오려서 길게 늘어뜨리고, 다양한 장식을 붙여서 트리를 꾸며 보세요. 모빌처럼 천장에 달면 크리스마스 분위기를 연출하기에도 좋아요.

준비물   ☐ 크리스마스트리 도안(269-271쪽)   ☐ 가위   ☐ 풀   ☐ 털실   ☐ 펀치

도안

도안 다운로드

1 트리 도안을 선 따라 오려요.

2 트리 중앙에 구멍을 뚫고 털실을 달아요.

3 트리 윗부분에 별을 달아요.

4 장식을 붙여 트리를 꾸며요.

> Tip 완성된 트리는 모빌처럼 천장에 달아
> 장식해 보세요.

5장

놀이 도안

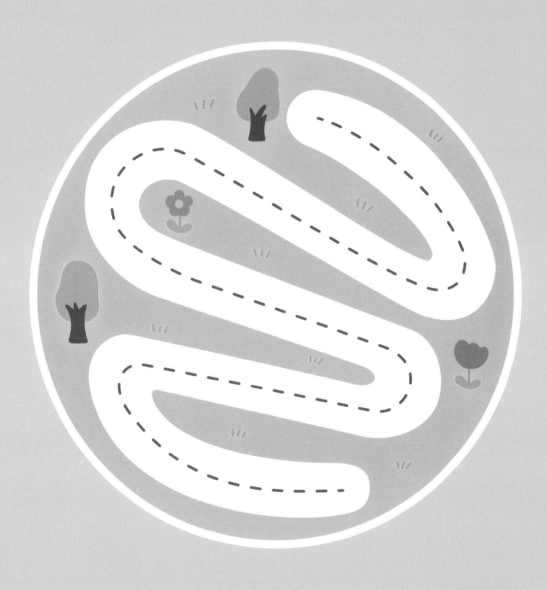

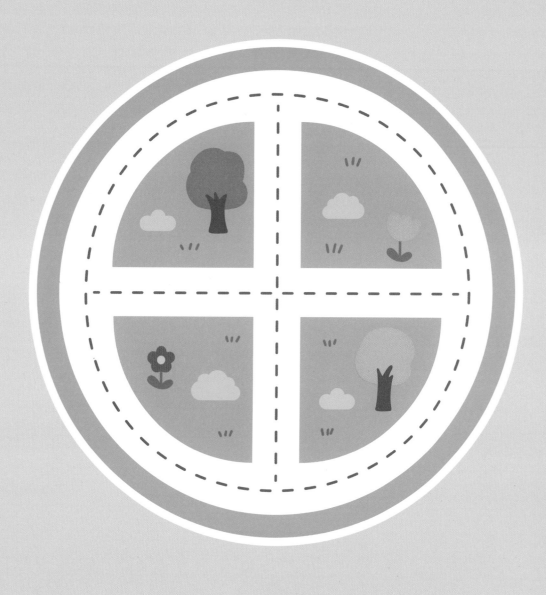

풀칠

풀칠

생활 재료 25
휴지심/랩심_**나무 꾸미기**

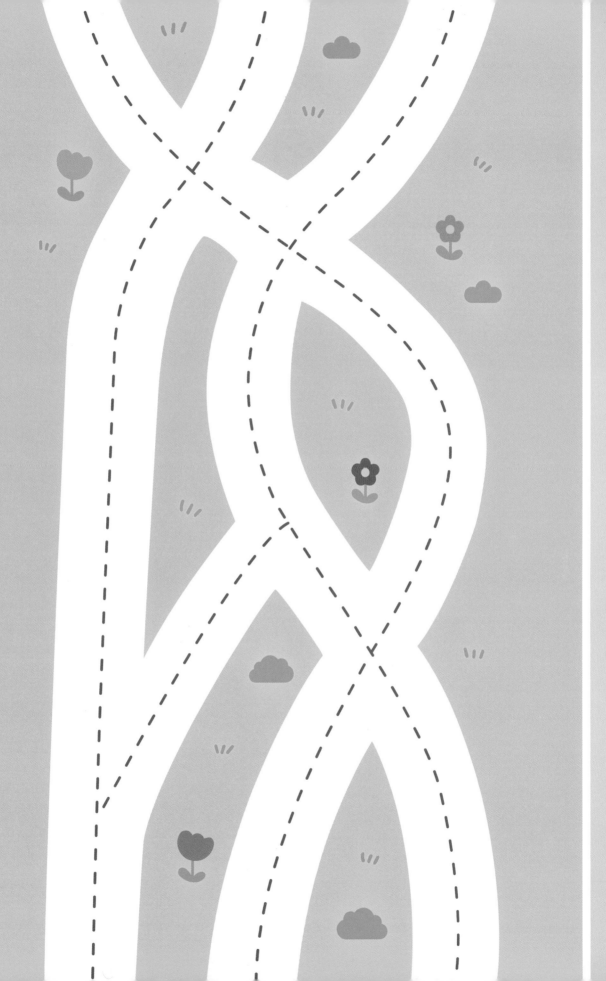

감사합니다

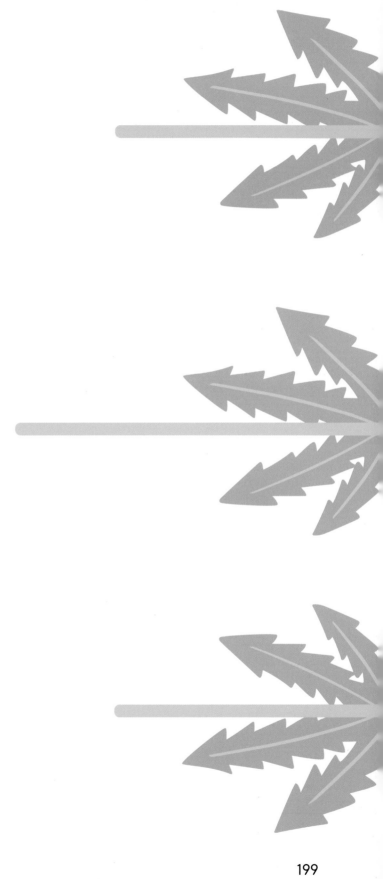

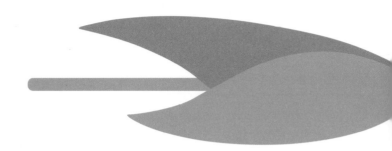

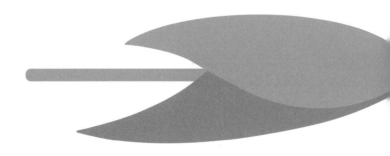

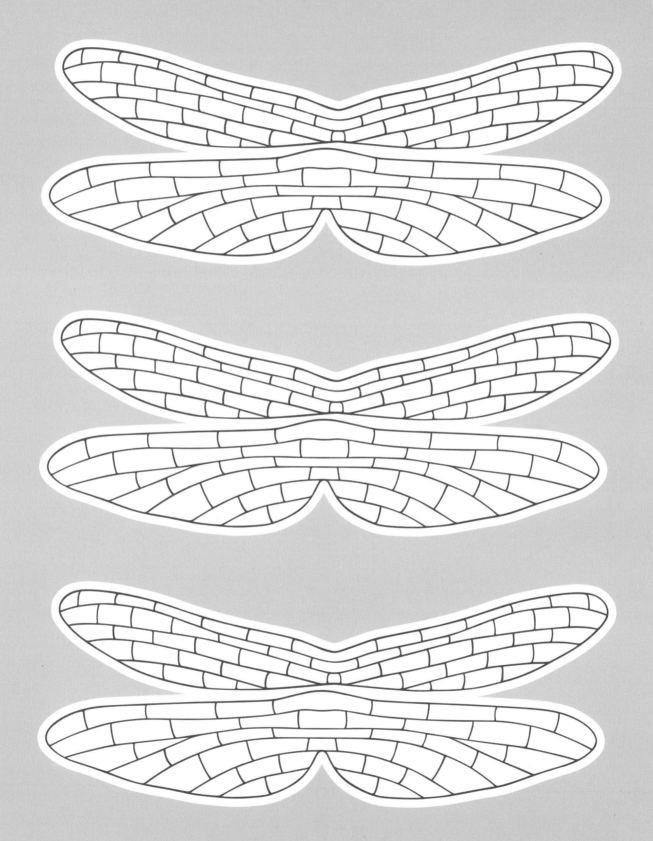

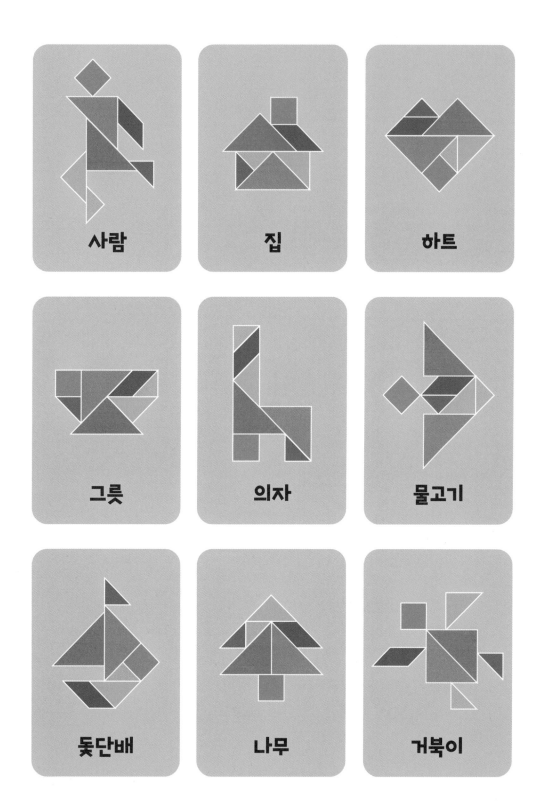

사람　　　집　　　하트

그릇　　　의자　　　물고기

돛단배　　　나무　　　거북이

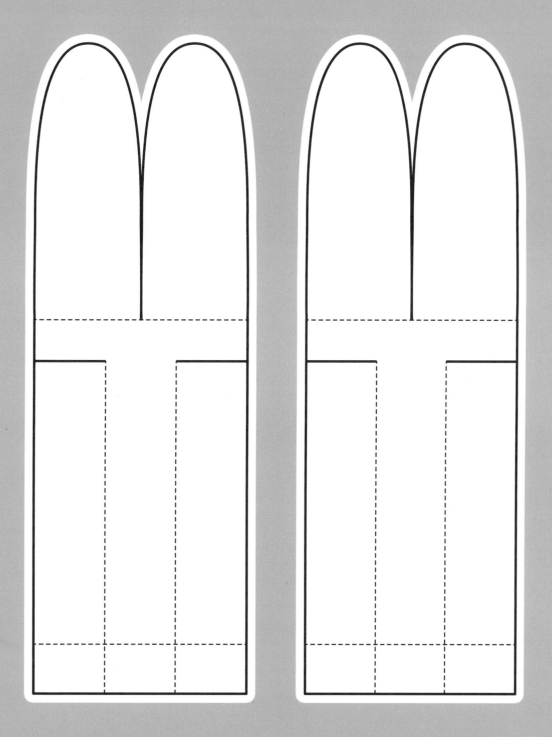

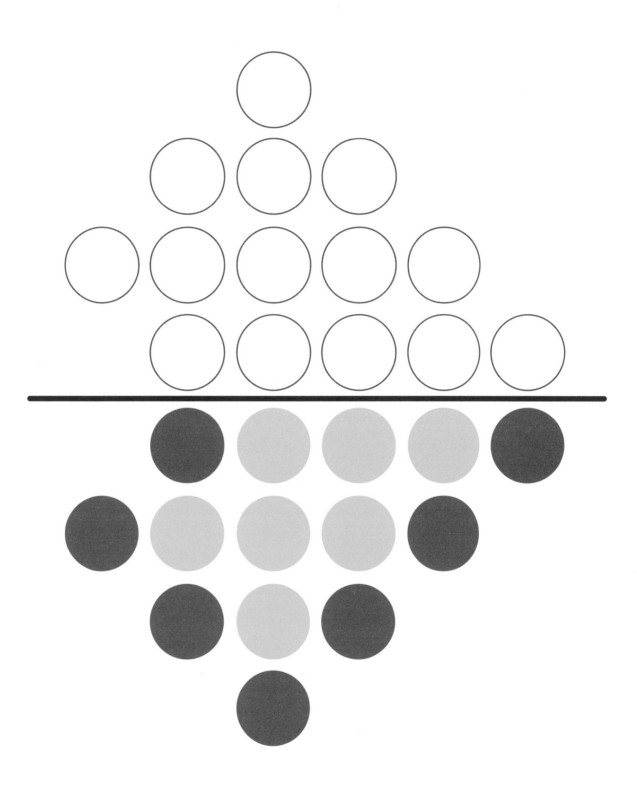

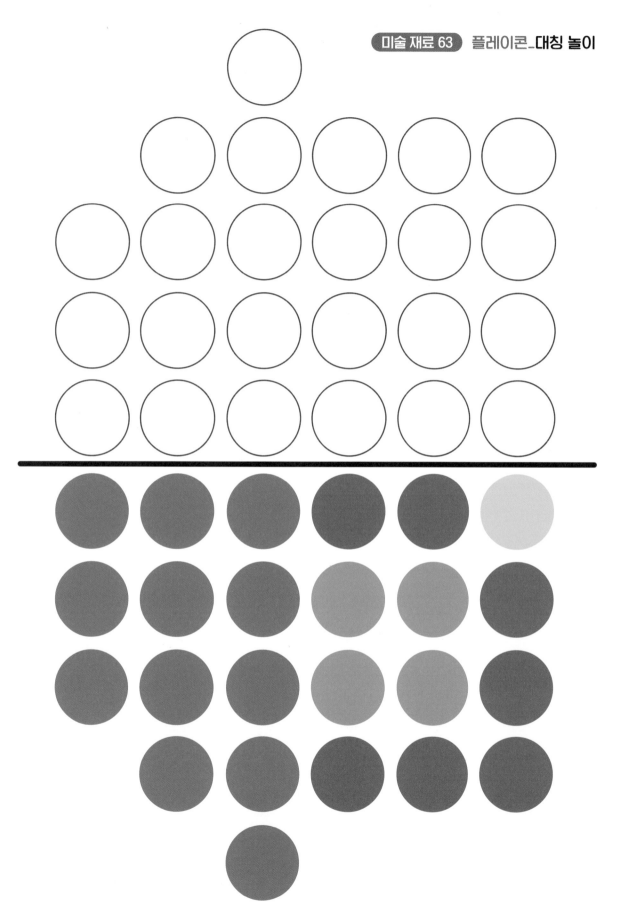

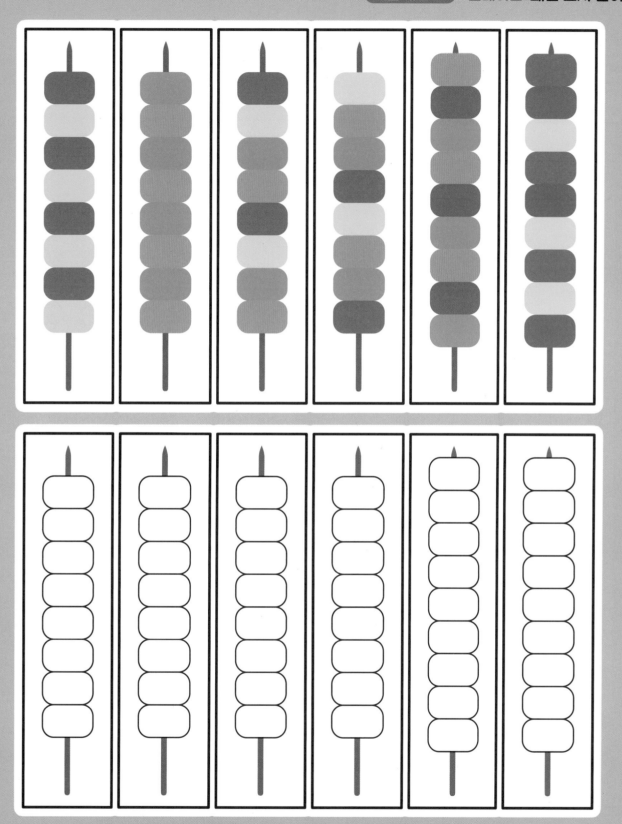

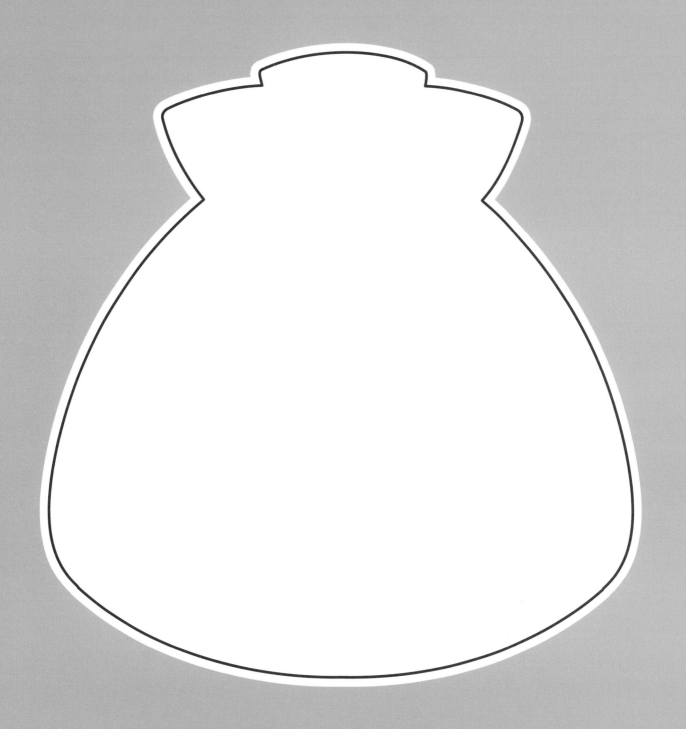

셀로판지_한복 썬캐처 만들기

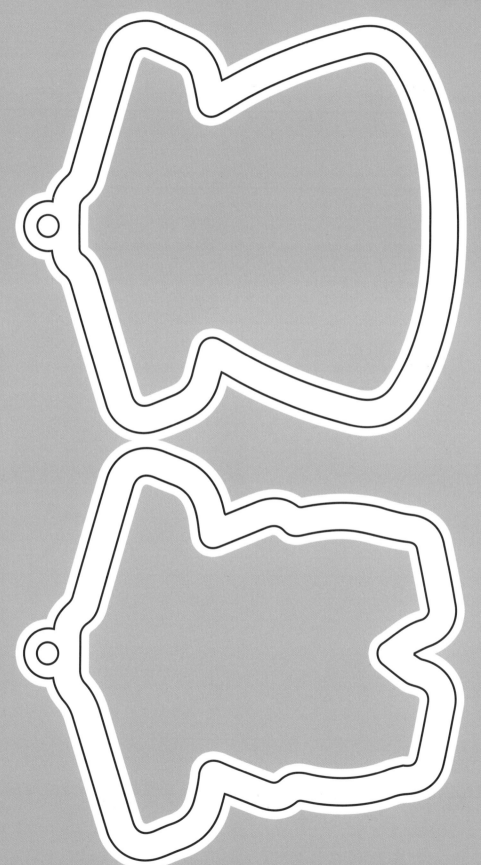

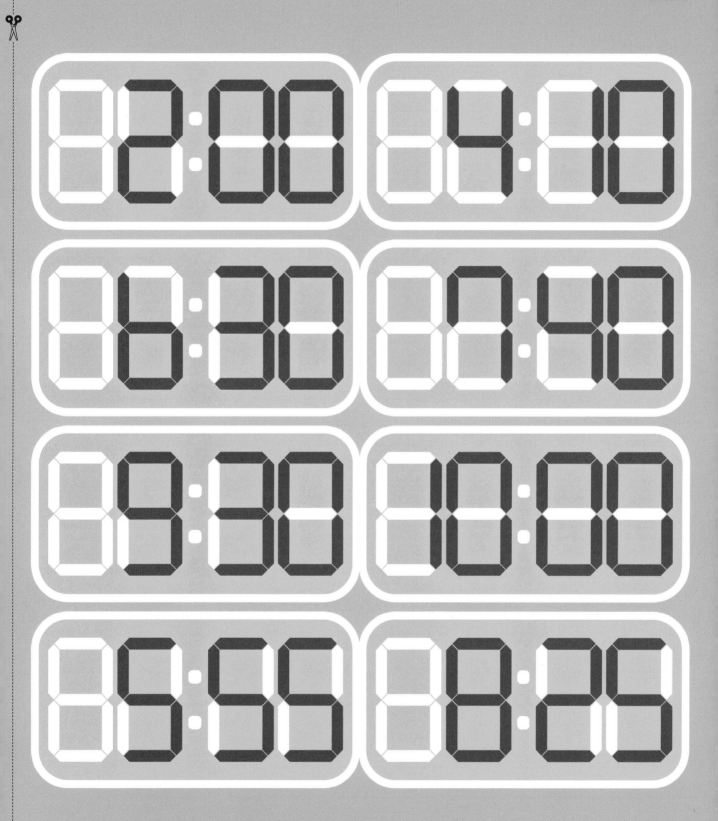

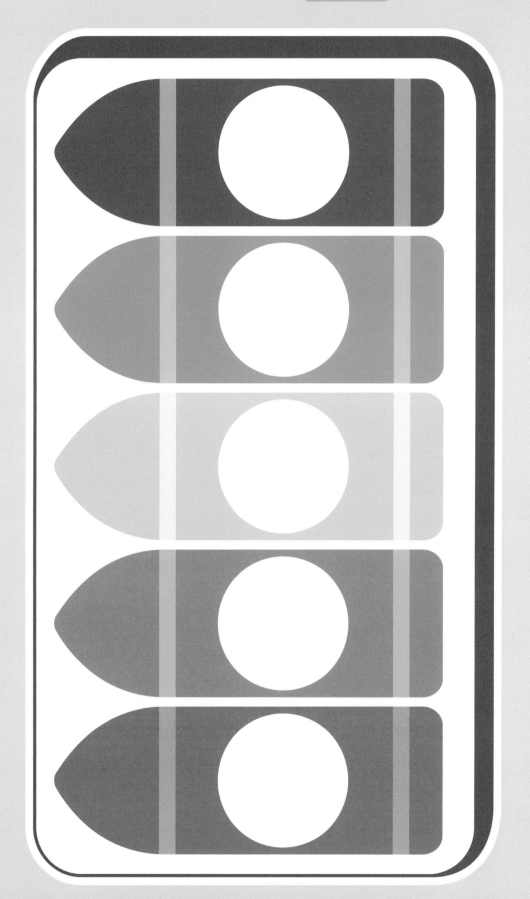

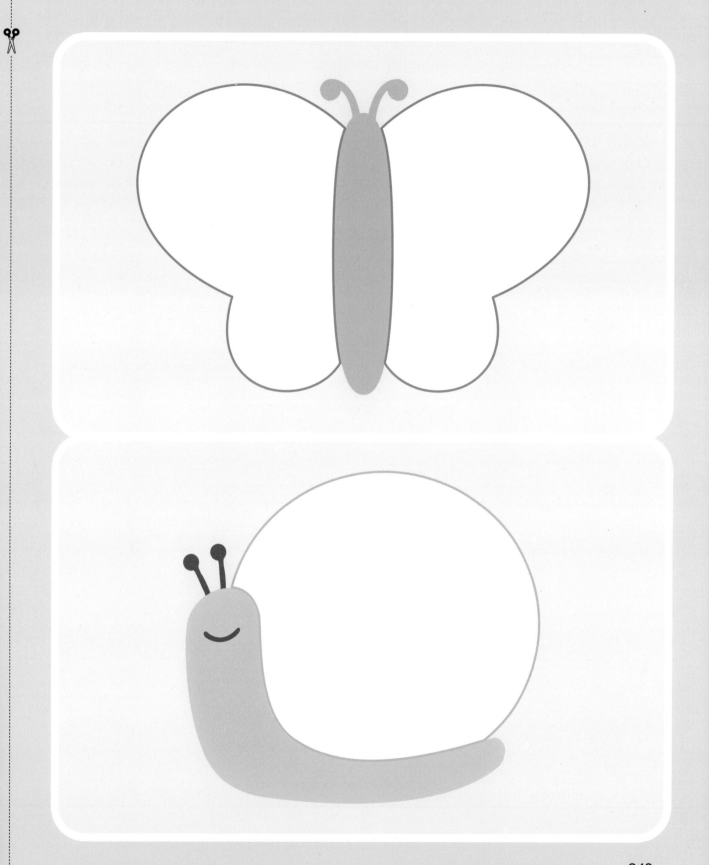

나뭇잎_솔잎으로 고슴도치 꾸미기

꽃잎_**꽃나무 꾸미기**

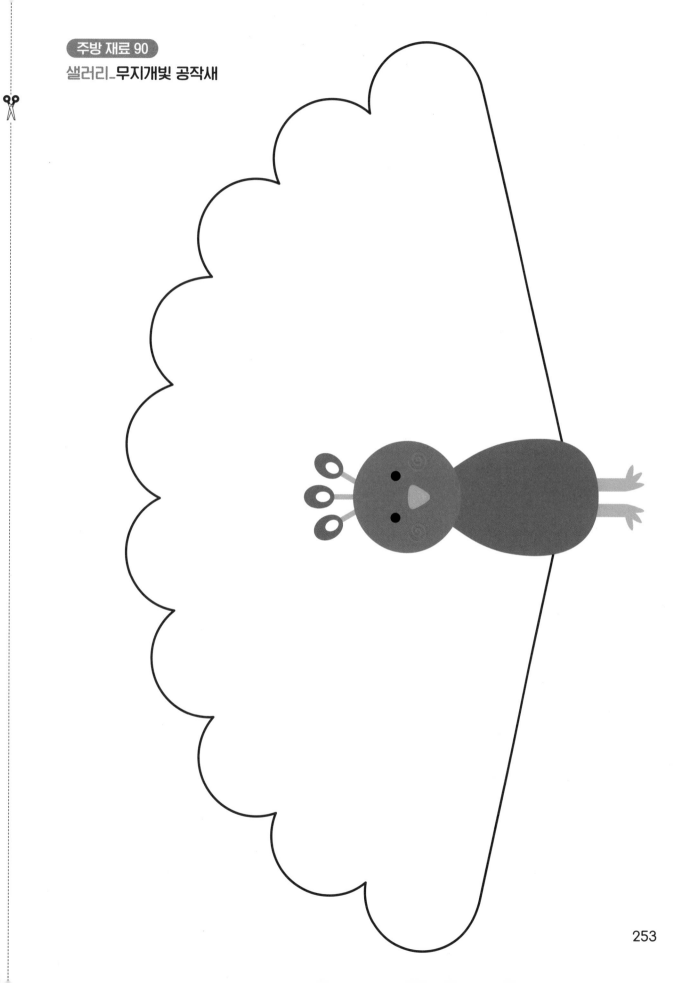

파스타_헤어스타일 꾸미기

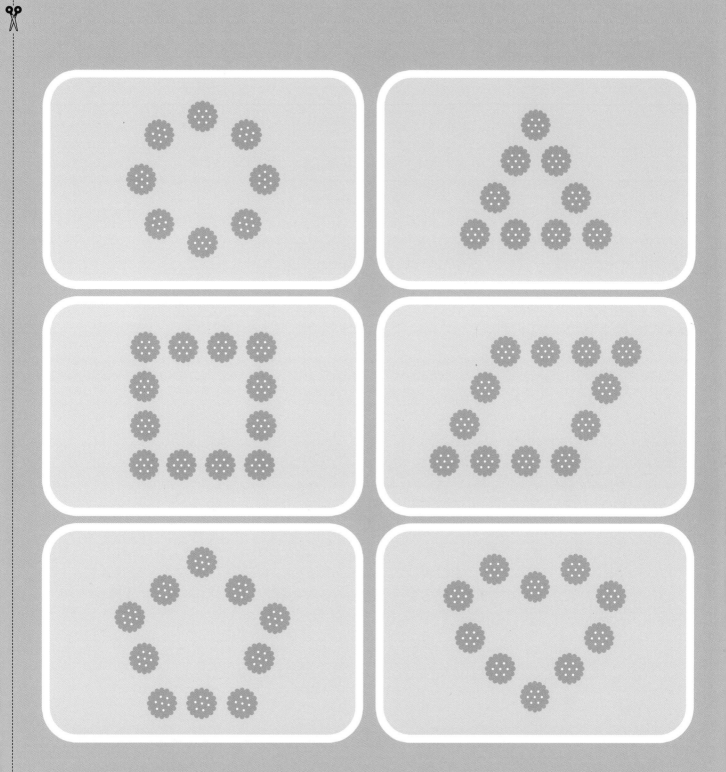

메리 크리스마스

풀
칠

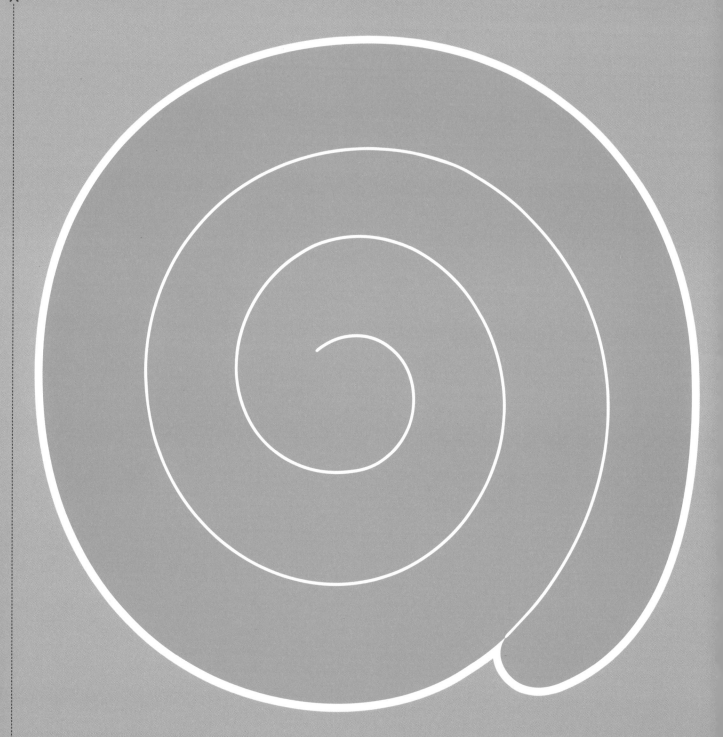